The series of Biostatistics

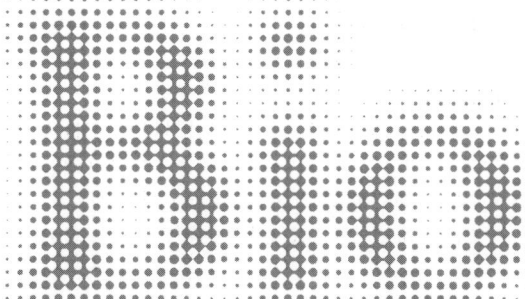

バイオ統計シリーズ ❻

シリーズ編集委員：柳川　堯・赤澤宏平・折笠秀樹・角間辰之

ゲノム創薬のためのバイオ統計
―遺伝子情報解析の基礎と臨床応用―

舘田英典・服部　聡　著

近代科学社

◆ 読者の皆さまへ ◆

小社の出版物をご愛読くださいまして，まことに有り難うございます．

おかげさまで，(株)近代科学社は 1959 年の創立以来，2009 年をもって 50 周年を迎えることができました．これも，ひとえに皆さまの温かいご支援の賜物と存じ，衷心より御礼申し上げます．

この機に小社では，全出版物に対して UD（ユニバーサル・デザイン）を基本コンセプトに掲げ，そのユーザビリティ性の追究を徹底してまいる所存でおります．

本書を通じまして何かお気づきの事柄がございましたら，ぜひ以下の「お問合せ先」までご一報くださいますようお願いいたします．

お問合せ先：reader@kindaikagaku.co.jp

なお，本書の制作には，以下が各プロセスに関与いたしました：

・企画：小山　透
・編集：大塚浩昭，田中史恵
・組版：LaTeX ／藤原印刷
・印刷：藤原印刷
・製本：藤原印刷
・資材管理：藤原印刷
・カバー・表紙デザイン：川崎デザイン
・広報宣伝・営業：冨髙琢磨，山口幸治

・本書の複製権・翻訳権・譲渡権は株式会社近代科学社が保有します．
・ JCOPY 〈(社)出版者著作権管理機構 委託出版物〉
本書の無断複写は著作権法上での例外を除き禁じられています．
複写される場合は，そのつど事前に(社)出版者著作権管理機構
（電話 03-3513-6969，FAX 03-3513-6979，e-mail: info@jcopy.or.jp）の
許諾を得てください．

バイオ統計シリーズ　刊行にあたって

　医学に関連した統計学は，臨床統計学，医薬統計学，医用統計学，生物統計学など様々な用語でよばれている．用語が統一されていないことは，この分野が急激に発展中の新興分野であり学問としてのイメージが未だ醸成されていないことをあらわしていると考えられる．特に，近年医学では根拠に基づく医学 (Evidence based medicine, EBM) が重視され，EBM 推進ツールの一つとして統計学が重視されている．また，遺伝子・タンパク質などの機能解析に関する方法論の開発やその情報を利用するオーダメイド医療の開発，さらに開発された医療の安全性の検証や有効性の証明など様々な場面で統計学が必要とされ，これら新しい分野で統計学は急激に発展している．従来の研究課題にこれら重要な研究課題を加えた新しい学問分野の創生と体系的発展が，今わが国で最も期待されているところである．

　私どもは，この新しい学問分野を「バイオ統計学」とよび，バイオ統計学を「ライフサイエンスの研究対象全般を網羅する数理学的研究」と位置づけることにした．

　バイオ統計学の特徴は，基本的にヒトを対象とすることである．ヒトには年齢，性，病歴，遺伝的特性など一人として同じ者はいない．また，気まぐれであり，研究の途中での協力拒否や転居などから生じる脱落データが多く，さらに人体実験が許されないなどの制約もある．その中で臨床試験のような一種の人体実験を倫理的な要請を満たし，かつ科学的に行うためには独特の研究計画や方法が必要とされる．また，交絡因子の影響を排除して，長期間観察して得られた観察データから必要な情報を抽出するための新しい方法論も近年急速に発展している．さらに，長期間継続観察をしなくても必要な情報が抽出できるケース・コントロール研究などの手法が発展しているし，ゲノムやタン

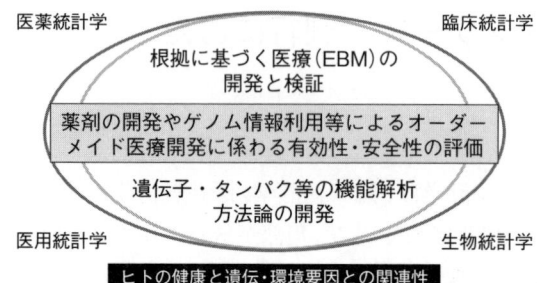

パク質の情報を臨床データと関連させ，オーダメイド医療へ道を開く統計的方法も急速に発展している．

　本シリーズは，バイオ統計学が対象とする「臨床」，「環境」，「ゲノム」の分野ごとに具体的なデータを中心にすえて，確率的推論，データ収集の計画，データ解析の基礎と方法を明快に分かりやすく述べたわが国初めてのバイオ統計学テキストシリーズである．シリーズの構成は，次のようである．

第1巻：バイオ統計の基礎――医薬統計入門
　　　ベイズの定理とその応用，統計的推定・検定，分散分析，回帰分析，ロジスティック回帰分析の基礎を解説する．

第2巻：臨床試験のデザインと解析――薬剤開発のためのバイオ統計
　　　バイオ統計学の視座に基づいて臨床試験のプロトコル作成，症例数設計，さまざまな研究デザインと解析の要点を数理的・系統的に解説する．

第3巻：サバイバルデータの解析――生存時間とイベントヒストリデータ
　　　生存時間データ解析とイベントヒストリデータ解析の基本的な考え方，数理，および解析の方法を懇切丁寧に解説する．

第4巻：医療・臨床データチュートリアル ― 臨床データの解析事例集
　臨床データの実例とデータ解析の事例を集め，解説と演習を提供した本シリーズのハイライトとなる事例集である．

第5巻：観察データの多変量解析 ― 疫学データの因果分析
　観察データはバイアスや交絡因子の影響から逃れることができない．これらの影響を最小にする工夫として，従来の疫学的方法論に加え，新しく発展したプロペンシティ・スコア法やカテゴリカルデータ解析法を解説する．

第6巻：ゲノム創薬のためのバイオ統計 ― 遺伝子情報解析の基礎と臨床応用　ゲノムサイエンスの基礎，および遺伝子情報の臨床利用に関わるバイオ統計学として遺伝子マーカー解析を解説する．（本書）

　本シリーズの各巻は，久留米大学大学院医学研究科バイオ統計学修士課程，東京理科大学医薬統計コース，富山大学医学部，新潟大学医学部などにおいて過去4年間にわたって行われた講義の講義ノートに基づいて執筆されている．したがって，簡明で，分かりやすい．また，数式なども最低のレベルにおさえられており，臨床試験にかかわる医師，薬剤師，バイオ統計家，臨床コーディネータ(CRC)などが独習できるように工夫されている．本シリーズの各巻がバイオ統計学テキストとして大学や社会人教育の場において，広く採用され，バイオ統計学発展の礎となればこれに優る喜びはない．

　最後になるが，本シリーズは平成15年度文部科学省科学技術振興調整費振興分野人材養成プログラムに採択され久留米大学大学院医学研究科に開設されたバイオ統計学修士・博士課程講義の中から生まれた講義テキストを編集し直したものである．ご支援いただいた文部科学省科学技術・学術政策局，独立行政法人科学技術振興機構(JST)，ならびに久留米大学の皆様に心より感謝申し上げる．

シリーズ編集委員一同
柳川 堯, 赤澤 宏平, 折笠 秀樹, 角間 辰之

まえがき

　本書は，バイオ統計シリーズの第6巻「ゲノム創薬のためのバイオ統計：遺伝子情報解析の基礎と臨床利用」として，ゲノムサイエンスの基礎，遺伝子情報の臨床利用に関わるバイオ統計学を解説したテキストである．ゲノムサイエンスの基礎を解説した第1章から第8章と，バイオマーカーの予後への影響を評価したデータ解析を解説した第9章と第10章の2つの部分よりなっている．両者は独立に読むことができる．

　近年次に挙げる2点からバイオ統計学と遺伝学の結びつきが強まっている．第1点は疾病のあり方や投薬の効果における個人差の問題である．実際に病気のなりやすさや治療の効果に関して個人間の違いがあることは古くから知られていた．このような個人差がみられる理由として遺伝子と環境による影響が考えられるが，最近の研究から遺伝子の変異つまり遺伝的変異の効果が重要であることがわかってきている．従来このような生物集団内の遺伝的変異を扱ってきたのが，集団遺伝学や量的遺伝学と呼ばれる学問分野である．第2点は遺伝子の総体であるゲノム配列をどのように解釈するかという問題である．ヒトゲノムの全配列が明らかになり，ヒトの遺伝情報は30億の塩基の並びによって決められていることが判明した．このような膨大な情報がヒトを含む生物の機能をどのようにして生み出しているのかを明らかにしていくことが，生物学あるいは医学の大きな課題である．ここでひとつの重要な観点は生物のゲノムが進化の産物であるということである．この観点に立って塩基配列等の進化を解析してきたのが分子進化学と呼ばれる学問分野である．元来，集団遺伝学・量的遺伝学・分子進化学はヒトのみを扱ってきたのではないが，ゲノム配列の解明によって，これらの学問分野の蓄積が医学や創薬

を行う上で有用な基礎知識を提供することが明らかになりつつある．特に進化的な視点でゲノム情報を見ることの重要性が認識されている．

第1章から第8章ではゲノム創薬を進めるにあたっての基礎となる上述の学問分野を理解することを目的とした．まず基礎知識として第1章から第4章で遺伝学の基礎を説明している．この理解には中学程度の生物学の知識を仮定している．これに続いて第5章では遺伝的変異がどのようにして生まれ，また集団中の遺伝的変異をどのように記述するかを解説する．第6章は集団内の遺伝的変異の動態を明らかにする集団遺伝学を，第7章は複数の遺伝子が関与する形質を扱う量的遺伝学を，第8章は生物種間の遺伝子進化を扱う分子進化学を解説した．第6章以降は数式を使うことが多くなるが，高校程度の数学の知識で理解できるであろう．以上の内容は久留米大学大学院医学研究科バイオ統計学専攻の学生に対して6年間行ってきた講義が基になっている．様々なコメントをいただいた学生諸君に感謝したい．半年間の講義でほぼ全ての内容をカバーすることが出来るだろう．本書を理解し進化学的観点をもつことが，読者がゲノム創薬研究を進める上で少しでも役に立てば幸いである．

マイクロアレー技術などの飛躍的な発展により，遺伝情報などバイオマーカーの情報に基づいて治療を選択する，いわゆるテーラメイド医療に対する期待が高まり，現に様々な成果が上げられてきている．バイオマーカーの情報を有効な臨床応用へとつなげるには，バイオマーカーが疾患の予後にどのように影響するかを適切に評価する必要がある．バイオ統計学がそのための方法を提供するが，第9章と第10章ではバイオマーカーの意義を評価する2つの研究で実際に用いた統計解析の方法を，基礎的な事項から解説した．

取り上げた例は乳癌研究および卵巣癌研究のおけるバイオマーカーの評価であり，バイオマーカーが生存期間にどのように影響するかを評価するものである．生存期間を評価するための方法を生存時間解析といい，そのひとつの手法にCox比例ハザードモデルがある．この方法は，年齢・性別などの影響の評価あるいは調整のために，これらの変数を説明変数として含めた形でしばしば用いられている．我々の乳癌研究・卵巣癌研究においてもCox比例

ハザードモデルによる解析を行っているが，バイオマーカーを評価する際には単純な適用は必ずしも適切とはいえないことから，異なった考えにより当てはめを行っている．統計手法の意味を適切に理解し，より研究目的に相応しい解釈が可能となるような統計手法を用いることが重要である．我々の行ったデータ解析の詳細を，背景となる考え方も含めて説明した．また，解析のためのRコードの例も示した．統計手法については基礎的な部分から解説したが，基礎となるCox比例ハザードモデルについては，本シリーズの第3巻「サバイバルデータの解析」に明快な解説があるので参照いただきたい．本書で示したデータ解析の2つの事例が，同様の解析を行う方の何らかの参考となれば幸いである．

　本書に示した内容は，九州大学桑野信彦教授の強力なリーダーシップのもと，著者のひとりが基礎医学・病理学・臨床医学・バイオ統計学の密接な連携で行っている研究に基づいている．この研究グループの目的は，基礎実験で見出された事実が，実際の患者で成り立つか否かを確認し，逆に臨床データから見出された観察を基礎に立ち返り実験により証明する，基礎と臨床の間の循環により研究を推進することにある．桑野信彦教授・小野真弓教授（九州大学薬学研究院）・鹿毛正義教授（久留米大学病院病理部）・柳川堯教授（久留米大学バイオ統計センター）を初めとする，このグループに参画するすべての方々に心より感謝申し上げたい．特に，桑野信彦教授，河原明彦博士（久留米大学病院病理部）とは定期的に研究打ち合わせを持たせていただき，様々なことを学ばせていただいている．ここに感謝申し上げる．

　最後に本書の出版に関して近代科学社の小山　透さん，田中史恵さん，大塚浩昭さんに大変お世話になった．心より感謝申し上げたい．

舘田英典，服部　聡
2010年5月31日

目 次

第1章 メンデルの遺伝法則　　1

- 1.1 メンデルの遺伝実験 1
- 1.2 染色体と遺伝子 3
- 1.3 性染色体の遺伝子と性決定 5
- 1.4 メンデルの法則に従わない遺伝現象 6
- 1.5 家系図を使った遺伝様式の推定 9

第2章 DNAの構造と複製　　11

- 2.1 DNA（デオキシリボ核酸） 11
- 2.2 DNAの複製 13
  - 2.2.1 RNA（リボ核酸） 15
- 2.3 遺伝子工学 15

第3章 遺伝子の発現　　19

- 3.1 タンパクの構造 19
- 3.2 タンパクの合成における情報の流れ 20
- 3.3 転写 21
- 3.4 翻訳 22

3.5 転写の詳細 24

第4章 古典遺伝学　27

4.1 生活環と倍数性 27
 4.1.1 線虫 *Caenorhabditis elegans* 27
 4.1.2 ゼニゴケ *Marchatia* 27
 4.1.3 被子植物トウモロコシ *Zea mays* 28
 4.1.4 アカパンカビ *Neurospora crassa* 28
 4.1.5 ゾウリムシ *Parmecium* 28
4.2 連鎖と組換え 29
 4.2.1 連鎖 29
4.3 減数分裂 30
4.4 組換え率の推定と遺伝子地図 31
4.5 組換えと遺伝子変換 35
4.6 ヒトにおける遺伝子のマッピング 36
4.7 遺伝学のトピック 38
 4.7.1 動く遺伝子 39
 4.7.2 X染色体の不活性化 40

第5章 遺伝的変異　41

5.1 突然変異 42
 5.1.1 点突然変異 43
 5.1.2 遺伝子重複 44
 5.1.3 染色体の変化 47
5.2 生物集団内の遺伝的変異 48

第6章　遺伝子頻度の変化要因　　　　　　　　　　53

- 6.1 次世代の遺伝子型および遺伝子頻度：Hardy-Weinbergの法則　53
  - 6.1.1 Hardy-Weinberg比と遺伝子頻度 53
  - 6.1.2 Hardy-Weinberg比の検定 56
  - 6.1.3 多対立遺伝子 57
- 6.2 近親交配 58
  - 6.2.1 近交系数と遺伝子型頻度 59
  - 6.2.2 近交係数の計算法 61
  - 6.2.3 近交弱勢 64
- 6.3 自然淘汰 65
  - 6.3.1 自然淘汰が有るときの遺伝子頻度変化の一般式 66
  - 6.3.2 定方向性淘汰 68
  - 6.3.3 平衡淘汰 70
- 6.4 突然変異 74
  - 6.4.1 突然変異の進化的効果 74
  - 6.4.2 突然変異と淘汰の平衡 75
- 6.5 移住 78
  - 6.5.1 遺伝子頻度への移住の効果 78
  - 6.5.2 移住と淘汰の平衡 78
  - 6.5.3 集団の分化と固定指数 79
- 6.6 遺伝的浮動 82
  - 6.6.1 有限集団のWright-Fisherモデル 82
  - 6.6.2 遺伝的浮動による遺伝子頻度の変化 83
  - 6.6.3 ヘテロ接合頻度の減少 85
  - 6.6.4 集団の遺伝的分化 86
  - 6.6.5 集団の有効な大きさ 87
  - 6.6.6 遺伝的浮動と突然変異の平衡 91
  - 6.6.7 遺伝子の固定確率と進化速度 92

6.6.8　遺伝子系図と遺伝的浮動 93

第7章　複数遺伝子座の取り扱い　　101

7.1　2遺伝子座の集団遺伝学 101
　　7.1.1　連鎖不平衡 102
　　7.1.2　連鎖平衡の検定 104
　　7.1.3　連鎖不平衡係数の時間変化 106
　　7.1.4　連鎖不平衡が生じる要因 107
　　7.1.5　連鎖不平衡を使った遺伝病原因遺伝子のマッピング 111
7.2　量的遺伝学 114
　　7.2.1　量的形質遺伝子座QTL 115
　　7.2.2　環境効果と広義の遺伝率 116
　　7.2.3　遺伝分散の分割と狭義の遺伝率 118
　　7.2.4　量的形質への淘汰の効果 121
　　7.2.5　QTLマッピング 122
　　7.2.6　候補遺伝子アプローチ 125

第8章　分子進化　　127

8.1　分子系統学 127
　　8.1.1　距離法 130
　　8.1.2　最大節約法 132
　　8.1.3　最尤法 135
　　8.1.4　分子系統樹推定の実例 137
8.2　分子進化機構論：分子進化の中立説 140
　　8.2.1　分子進化の中立説 140
　　8.2.2　中立説の予測と分子進化の様相 141
　　8.2.3　適応進化遺伝子の探索 146

第9章　バイオマーカー間の関連と予後への影響の評価　153

- 9.1　解析の目的:乳癌におけるYB1の核内局在とEGFR familyとの関連および予後との関連 153
- 9.2　統計学的準備 154
  - 9.2.1　主成分分析 154
  - 9.2.2　グラフィカルモデリング 163
- 9.3　統計解析の結果 165
  - 9.3.1　標準的な生存時間解析と問題点 165
  - 9.3.2　主成分Cox回帰の適用 167
  - 9.3.3　グラフィカルモデリングの適用 172
- 9.4　まとめと問題点 174

第10章　薬剤感受性を規定するバイオマーカーの探索　177

- 10.1　解析の目的:明細胞卵巣癌におけるタキサンの感受性を決定するバイオマーカーの同定 177
- 10.2　統計学的準備 178
  - 10.2.1　回帰モデルによる偏りの調整 179
  - 10.2.2　傾向スコアによる偏りの調整 181
- 10.3　統計解析の結果 185
  - 10.3.1　Kaplan-Meier法による解析 185
  - 10.3.2　交互作用解析 186
  - 10.3.3　傾向スコアによる交互作用解析での偏りの調整 189
- 10.4　まとめと問題点 201

索引 203

第1章　メンデルの遺伝法則

1.1　メンデルの遺伝実験

　メンデルはエンドウマメを使った交配実験を行い，幾つかの遺伝の法則を発見した．例えばマメの表面がしわ（しわ）になる系統と丸い（まる）系統を掛け合わせると，子供のマメ（雑種第1代，F_1）は全てまるであった．次に子供同士を掛け合わせると，孫（雑種第2代，F_2）はまるとしわがそれぞれほぼ3：1の割合となった（図1.1）．メンデルはこの結果が次のようなモデルを考えることによって説明できることを見いだした．

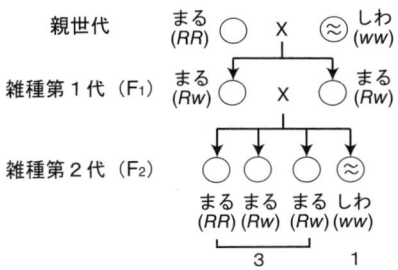

図 1.1　メンデルの実験（分離の法則）

1. それぞれの個体は各形質に関与する遺伝子（gene）と呼ばれる粒子を2つ持つ．

2. 各個体は2つの遺伝子のうちのどちらかひとつを子供に伝える．

3. 遺伝子の表現に関して優劣が有り，1個体が異なる遺伝子を持つ場合は優性な遺伝子が表現される．

上の例では，まるとしわ系統個体はそれぞれ R 遺伝子か w 遺伝子を 2 個ずつ持っていると考え，RR, ww と表す．F_1 個体は 2 から Rw となる．ここで R 遺伝子が w 遺伝子に対して優性であるとすると，F_1 個体はまるとなる．F_1 個体からは，R，または w 遺伝子がそれぞれ $1/2$ の確率で子に伝わるので，F_2 は $1/4, 1/2, 1/4$ の確率で RR, Rw, ww となる．R は w に対して優性なので，F_2 ではまるとしわが $3:1$ となる．

さて，ここで遺伝学の基本的用語を定義しておこう．まず特定の形質を支配する遺伝子が個体中で座位する場所を**遺伝子座**（**locus**）と言う．ひとつの遺伝子座に座位する遺伝子が複数種類ある場合，これらを**対立遺伝子**（**allele**）と呼ぶ．上の例では，まる—しわ遺伝子座に R と w という対立遺伝子があった．RR のように 1 個体がこの遺伝子座に持つ 2 個の対立遺伝子の組を，**遺伝子型**（**genotype**）と呼ぶ．RR, や ww のように同じ遺伝子を 2 つ持つ個体を**ホモ接合体**（**homozygote**），Rw のように異なる対立遺伝子を持つ個体を**ヘテロ接合体**（**heterozygote**）と呼ぶ．各個体はまる，しわ等の形質を示すが，これを**表現型**（**phenotype**）と呼ぶ．R 遺伝子のようにヘテロ接合体での表現型がそのホモ接合体の表現型と一致する遺伝子を**優性**（**dominant**）**遺伝子**，w 遺伝子のように表現が抑えられる方の遺伝子を**劣性**（**recessive**）**遺伝子**と呼ぶ．遺伝学では一般に優性遺伝子を大文字で，劣性遺伝子を小文字で表す．

演習問題 1.1 まるとしわ系統を交配してえた F_1 個体を，しわ系統の個体と交配すると，その子供の表現型の比はどのようになるか．このような交配を**検定交配**（**test cross**）と呼ぶ．

これまでの説明では，エンドウマメのように各遺伝子座に 2 個ずつ遺伝子を持つ生物を考えてきた．このような生物は **2 倍体生物**（**diploid**）と呼ばれるが，1 個ずつしか持たない**半数体生物**（**haploid**）や 4 個ずつ持つ **4 倍体**（**tetraploid**）等も存在する．

メンデルは更に，2 つの遺伝子座を同時に見たとき遺伝子がどのように伝わるかを考えた．例えばまる—しわの遺伝子座に加えて，黄—緑の遺伝子座に注目しよう（図 1.2）．ここで黄遺伝子は緑遺伝子に対して優性である．ま

る・黄色の系統としわ・緑の系統を掛け合わせると，F_1 ではまる・黄色の子供が産まれた．次に F_1 同士を掛け合わせると F_2 では，まる・黄，まる・緑，しわ・黄，しわ・緑が 9：3：3：1 の割合で生まれた．これは 2 つの遺伝子座（まる―しわ，黄―緑）の遺伝子がそれぞれ独立に伝わると考えると良く説明できる．F_2 で表現型がまるになる確率は 3/4，表現型が黄になる確率は 3/4 なので，それぞれが独立に伝われば $3/4 \times 3/4 = 9/16$ の確率でまる・黄が生まれる．メンデル以降の研究で 2 つ形質が独立に伝わらない場合があることが示されるが，これについては後述する．

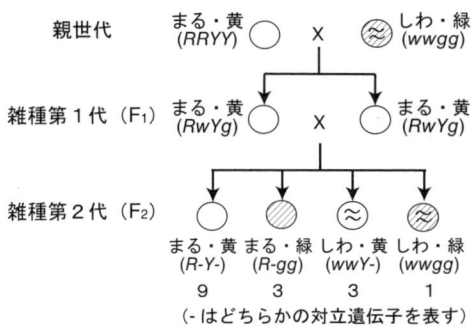

図 1.2 メンデルの実験（独立の法則）

1.2 染色体と遺伝子

　メンデルは遺伝子の実体が何であるかについては述べなかった．しかし細胞の顕微鏡観察から分裂時に見られる**染色体**（**chromosome**）が遺伝子と関係の深いものであることが想像されていた．生物の体は一般に細胞を単位として構成されるが，それぞれの細胞は同じような外見を持つ染色体を 2 本ずつ組として持っている．この組になっている染色体は**相同染色体**（**homologous chromosome**）と呼ばれる．これに加えて，ヒト，ショウジョウバエ等の生物では片方の性（ヒト，ショウジョウバエでは雄）で相同染色体を持たない染色体が 2 本存在し，性決定に関わっている．このような染色体を**性染色体**

（sex chromosome）と呼ぶ．一方どちらの性でも2本ずつ相同染色体が揃った染色体を**常染色体**（autosome）と呼ぶ．例えばヒトの体細胞は22対の常染色体と2本の性染色体を持ち，合計の染色体数は46本である．

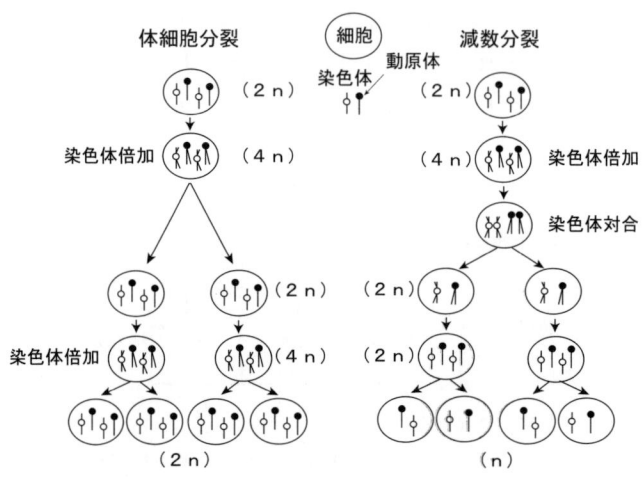

図 1.3 体細胞分裂と減数分裂　（　）内に染色体数が記してある．図ではn = 2

さて細胞は分裂によって増殖していくが，細胞分裂には染色体の複製が起こった後分裂が起こる**体細胞分裂**（有糸分裂，mitosis）と，精子・卵などの生殖細胞を生み出す**減数分裂**（meiosis）の2種類がある（図1.3）．体細胞の染色体数を2nで表すことにすると，前者では染色体数の変化はないが（2n → 2n），後者では染色体の複製が1回起こった後2回細胞の分裂が起こり染色体数は半分になる（2n → n）．このとき分裂後の細胞は各相同染色体のうちのどちらか1本を持っている．メンデルの遺伝法則では各個体が2個の遺伝子を持ち，親から子にそのうちの1個が伝わる．上に述べたように体細胞は相同染色体を2本ずつ持つが，生殖細胞は相同染色体を1本ずつしか持たないので，相同染色体はどちらか一方しか子供に伝わらない．そこで遺伝子が染色体の上に載っていると考えると，遺伝の法則が良く説明できることがわかる．実際に次章で遺伝子の実体がDNA（デオキシリボ核酸）であり，染

色体は DNA とたんぱくの複合体であることを説明する.

1.3 性染色体の遺伝子と性決定

遺伝子が染色体上に載っているとすると，性染色体上の遺伝子はどのように遺伝するだろうか．ヒトの場合に例を取って説明しよう（図 1.4）．前に述べたようにヒトの体細胞は 22 本の常染色体と 2 本の性染色体を持つ．男性は X，Y と呼ばれる異なる性染色体を 1 本ずつ持ち，女性は X 染色体を 2 本持っている．子供は母親からは常に X を受け取るが，父親からは X または Y を受け取る．子供は X を受け取れば女性に，Y を受けとれば男性となる．

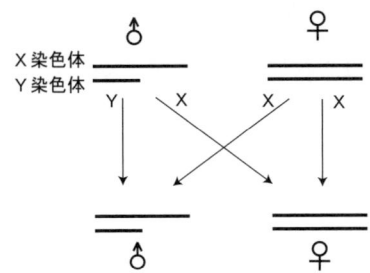

図 1.4 性染色体と性決定 図には性染色体のみ示してある.

さて遺伝子座 A が X 染色体上にある場合を考えよう．このような遺伝子を**伴性 (X-linked) 遺伝子**と呼ぶ．例としては血友病の原因遺伝子や色盲を引き起こす遺伝子が挙げられる．伴性遺伝子座 A に対立遺伝子 A と a があり，A が a に対して優性であるとする．Y 染色体上にこの遺伝子座はないので（このような状態をヘミ接合と呼ぶ），$-$ で Y 染色体上にその遺伝子がないことを表すことにすると，男性の遺伝子型は $A-$ か $a-$ となり 1 個しか遺伝子を持たない．このため $a-$ 個体（男性）では a の劣性形質が発現する．通常集団中に aa 個体（女性）の割合より $a-$ 個体（男性）の割合の方が多いので，劣性形質は男性で多く見られる．色盲が男性でよく見られるのはこのためである．

6   第1章　メンデルの遺伝法則

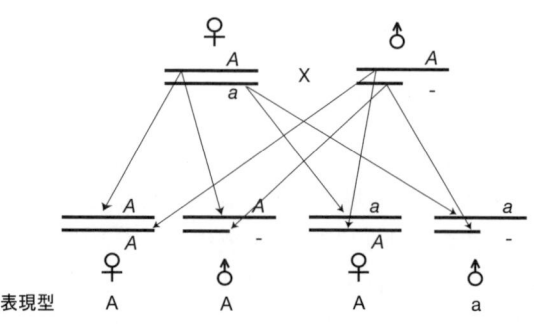

図 1.5　伴性遺伝子の遺伝

1.4　メンデルの法則に従わない遺伝現象

メンデルの遺伝法則は生物における多くの遺伝現象を良く説明するが，必ずしも全ての遺伝現象に当てはまるわけではなく，例外的な事象もだんだん知られるようになった．その幾つかについて述べよう．ただしメンデルの法則が当てはまらない例はここに挙げただけでないことを注意しておく．

1．減数分裂での不分離（nondisjunction）

減数分裂の際に染色体が均等に分配されないことを不分離と呼ぶ．メンデルの法則では親の持つ2個の遺伝子のうちの1個が子に伝わるが，減数分裂での不分離によって生殖細胞が2本あるいは0本の染色体を持った場合，子供には2個もしくは0個の遺伝子が伝わる．例えばヒトの母親の生殖細胞で性染色体の不分離が起こりXが2本，父親からY染色体1本が子に伝わると，子供の性染色体構成はXXYとなり不妊の男性となる（クラインフェルター症候群）．一方母親からXが伝わり，父親からは不分離により性染色体が伝わらないと，子供の性染色体構成はXOとなり不妊の女性となる（ターナー症候群）．一般にヒトを含むほ乳類ではY染色体を持つ個体は男性となり，持たないと女性となる．常染色体においても不分離は起こり，第21番目の染色体を3本持つ個体はダウン症となる．

2．不完全優性

メンデルの実験では対立遺伝子は優性か劣性かどちらかで，ヘテロ接合体はどちらかのホモ接合体と同じ表現型を示したが，実際はヘテロ接合体が中間的な性質を示すことがよくある．例えばある花では花の色を支配している遺伝子座に対立遺伝子 R と r があり，RR と rr はそれぞれ赤，白の花を咲かせる．この2つの系統を交配してヘテロ接合体 Rr を作ると，この花の色はピンクであった．ちょうど真ん中の性質は示さなくても，ヘテロ接合体が中間的な表現型を示す形質は多い．

演習問題 1.2 ヘテロ接合体を交配したときの子供では，花の色の比はどのようになるか．

3. 遺伝子間相互作用・エピスタシス（epistasis）

メンデルが実験で選んだ形質はひとつの遺伝子座の遺伝子によって決定されたが，形質によっては複数の遺伝子座の遺伝子によって決定されるものがある．実際はこのほうが一般的であるが，その例を一つ述べよう．ハツカネズミの毛皮の色は2遺伝子座 B と C に支配されており，それぞれの遺伝子座に B, b と C, c の2対立遺伝子がある．2つの遺伝子座の各遺伝子型の表現型は次の通りである．

$C-$ $B-$ 黒色 $C-$ bb 褐色
cc $B-$ 白色 cc bb 白色

ここで $-$ はどちらかの対立遺伝子を表しており，例えば $C-$ は CC または Cc をあらわす．この例では C 遺伝子座での遺伝子型が cc であれば，B 遺伝子座がどのような遺伝子型であろうと白色となる．このような場合，C 遺伝子座は B 遺伝子座に対して上位（epistatic）であるという．現在はこのような場合に限らず，遺伝子座間の作用が相加的（additive）ではないときにエピスタシスがあると呼ばれる．ハツカネズミの毛皮の色を決める遺伝子の場合，両遺伝子座の遺伝子は酵素を作っていると考えると理解しやすい．図1.6に示したように，B, C 対立遺伝子はそれぞれ酵素 B，C を作っており，b, c は酵素を作れないと仮定しよう．酵素 B が基質 X から産物 Y を，酵素 C が基質 Y から産物 Z（毛皮の色素）を

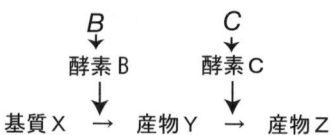

図 1.6 ハツカネズミ毛色を決める回路のモデル

合成するとすると，酵素 C がなければ産物 Y が出来ても色素は出来ないので，結局毛皮の色は白色となる．このように直列な化学反応回路の中でより後に関与する酵素は前の酵素に比べて上位の関係を持つ．実際は形質がひとつの遺伝子座にのみに支配されていることはむしろまれで，多くの酵素が関与していると考えらる．メンデルが調べた形質についてもそれは当てはまるはずである．しかしメンデルの実験ではひとつの形質を調べるとき，関与する複数の遺伝子座のうち 1 遺伝子座のみにおいて異なる対立遺伝子を持つ系統を使ったので，ひとつの遺伝子座に支配された形質のように見えたと解釈することも出来る．ということでここで述べたような遺伝子座間の相互作用は例外というよりむしろ遺伝の一般的性質であると考えた方がよいだろう．

4．環境効果

メンデルの実験で調べられた形質では，遺伝子型が決まると表現型が決定された．例えば緑の遺伝子を 2 個持つと必ず表現型は緑色となった．しかし一般には遺伝子型が決まっても表現型が決まらない場合がある．例えば体全体は白色のウサギで，耳や口の周りなど体の周辺部と考えられるところで色が黒くなったりする場合がある．これは体温の低い部分では色素の遺伝子が発現して黒色となるためである．体のどの部分の細胞でも遺伝子型は同じであるが，どのような環境にその細胞があるか（この場合は温度）によってその表現型が異なってくるという例である．もっと身近な例として，過食をすると体重が増えてくることなどが思い浮かぶ．これらの例のように，一般に表現型は遺伝子型と個体のおかれた環境によって決まる．環境によって表現型が決まる場合，環境効果があるという．ヒトの場合，遺伝病を引き起こす遺伝子について同じ遺伝子型

であっても，個体の環境によって病気が発現したりしなかったりするが，この場合病気の発現する確率を**浸透率**（ペネトランス，penetrance）と呼ぶ．

1.5 家系図を使った遺伝様式の推定

この章の最後に，家系図から遺伝病の様式を推測する方法について述べる．ヒトでは他の生物のように自由に交配することができないので，家系図を使って遺伝様式を推定する必要がある．ここでは遺伝病の原因遺伝子が常染色体優性，常染色体劣性，X連鎖劣性のどれであるか判断する方法について述べる．ただし考慮するのはまれな遺伝病であり，遺伝病を引き起こす遺伝子を1個体が偶然に2個持つ可能性は非常に低いと仮定する．また遺伝病の浸透率はほぼ1であると仮定する．下にそれぞれの遺伝様式での家系図の特徴を列記する（図1.7参照）．

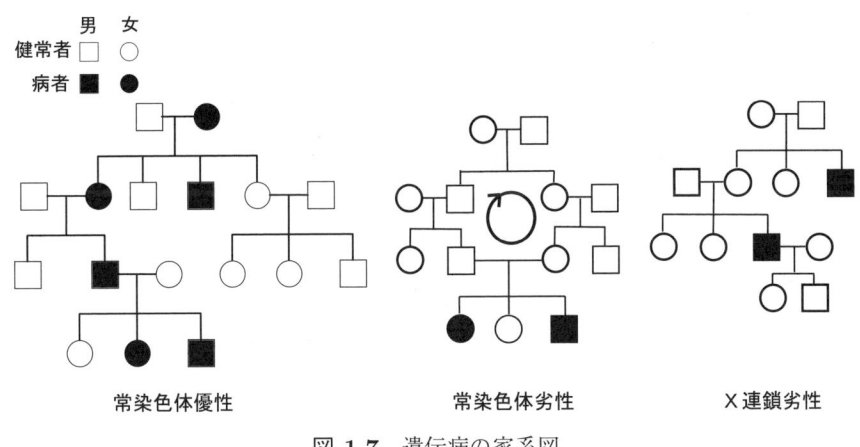

図 **1.7** 遺伝病の家系図

- **常染色体優性**： 優性なので病因遺伝子を持っていると必ず病者となり，世代を超えて伝わることは無い．病者は通常ヘテロ接合で，その子は1/2の確率で病者となる．

- **常染色体劣性：** 多くの場合病者の両親は病因遺伝子に関してヘテロ接合で正常であるが，近親婚によって子供（病者）がホモ接合となっている場合が多い（家系図の中にループが出来る）．
- **X 連鎖劣性：** 多くの病者はヘミ接合となった男性である．男子の X 染色体は母由来なので，遺伝病の父親から遺伝病の男子が直接生まれることは無く，家系図の中で病者の間には必ず女性が介在する．

演習問題 1.3 ヒトの目の色は常染色体遺伝子に支配されており，褐色遺伝子（B）が青色遺伝子（b）に対して優性である．青色眼の男子が，先の結婚で青色眼の子を産んだ褐色眼の女性と結婚した．この女性の遺伝子型は何か．またこの夫婦の子が青色眼となる確率を求めなさい．

演習問題 1.4 ある遺伝病の家系を調べたところ図 1.8 のような家系図を得た．この遺伝病の様式を述べなさい．また x, y の遺伝子型を推定しなさい．（病気の遺伝子を d, 正常遺伝子を $+$ であらわすこと．）

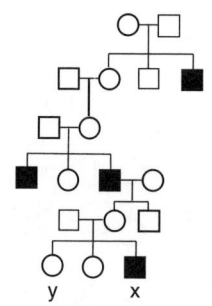

図 **1.8** 遺伝病の家系図

第2章　DNAの構造と複製

　20世紀初頭のメンデルの法則の再発見以来，遺伝子の実体が何であるかについて研究が進められた．細胞中の高分子のうち候補として考えられたのはタンパクと核酸であったが，この議論に決着をつけたのがアベリーら（1944）による実験である．彼らは肺炎双球菌の病原性株S型の抽出液をタンパク質分解酵素または核酸分解酵素を使って処理した後，非病原性株R型に与え，前者ではR型からS型への転換（形質転換，transformation）が起こるが，後者では起こらないことから，肺炎双球菌の型を決めているのは核酸であることを示した．この後1953年にワトソンとクリックによってデオキシリボ核酸（DNA）の立体構造が明らかにされた．この章では遺伝子の実体であるDNAがどのような物質で，遺伝においてどのように振る舞うかを説明する．

2.1　DNA（デオキシリボ核酸）

　DNAの構成単位であるヌクレオチドは（図2.1（A）），リン酸，五単糖（デオキシリボース），塩基からなる．塩基としてはアデニン（A），グアニン（G），シトシン（C），チミン（T）の4種類が使われるが，ここで重要なことはアデニンとチミン，グアニンとシトシンが水素結合により結合（相補的結合）することである．ヌクレオチドはリン酸を介して1列に重合してひものような高分子を作るが（前のヌクレオチドの3'側と次のヌクレオチドの5'側の結合），DNAは1本鎖としてではなく図のように塩基対の相補的結合により2本鎖（図2.1（B）参照）として生体内に存在する．実際はこの図にあるようにはしごのような形をしているのではなく，10塩基ごとに1回転する螺旋構造をとっており，この構造は2重螺旋構造と呼ばれる．この構造をとるときの10塩基対分の長さは34Åである．
　前にも述べたようにヒトなどの2倍体生物は2組の染色体セットを持つが，

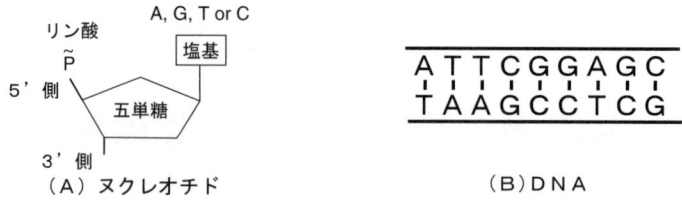

図 2.1 ヌクレオチドと DNA．(B) では塩基以外の部分（デオキシリボースとリン酸による背骨部分）を直線で表している．

この 1 組分の染色体セットのことをゲノムと呼ぶ．各生物の細胞が持っている DNA の全塩基対数をゲノムサイズと呼ぶ．表 2.1 に代表的な生物のゲノムサイズを Mbp（mega base-pairs, 100 万塩基対）を単位として示す．

表 2.1 様々な生物のゲノムサイズ

生物	大腸菌	シロイヌナズナ	酵母	ショウジョウバエ	ヒト
ゲノムサイズ（Mbp）	4.6	130	12.0	180	3000

　この表からは生物の複雑化に伴ってゲノムサイズが増大しているように見える．しかしヒトが生物の中で最大のゲノムサイズを持つわけではなく，アメーバ，肺魚，シダなどで 1000 億塩基対を超えるゲノムサイズを持つものもある．

演習問題 2.1 マイクロコッカスでは G 塩基の割合が 37 %であった．これからA塩基の割合を予想しなさい．（ゲノム中の G と C 塩基の全体の塩基に対する割合のことを GC 含量と呼ぶ．）

演習問題 2.2 ヒトの DNA は全部で約 30 億塩基対（ゲノムサイズ）からなる．引き延ばしたときの全長を求めなさい．

　細胞の大きさに較べて DNA は非常に長いので，特に細胞分裂期には，真核細胞では DNA は細胞核中で巧妙に折り畳まれて存在している．この場合，ヒストンというタンパク質が複数集まって出来た短い円筒状の構造にまず巻

き付いてヌクレオソームと言う構造体をとり，さらにそれが積み重なるなどしてDNAが階層的に折り畳まれて，最終的に光学顕微鏡で観察できる染色体となる．

2.2 DNAの複製

DNAの構造解明により，その複製がどのように行われるかも明らかになった．複製においてまずDNAの一部で相補的結合が外れ，1本鎖に分かれた状態となる（図2.2）．新しく出来つつある方の鎖の終端の隣に，細胞の核中にあるヌクレオチドが塩基の相補的結合によって結合し，さらにDNA合成酵素（DNAポリメラーゼ）により終端と結合する．この反応は5'から3'の方向にのみ進む．これを続けていくと図にあるように2つの同じ塩基配列を持った2本鎖が出来て，DNAが複製される．つまり遺伝子が複製される．この複製では2本鎖のうち一方の鎖はもとからあったもので，もう一方の鎖が新たに合成される．このような複製のことを半保存的複製と呼ぶ．

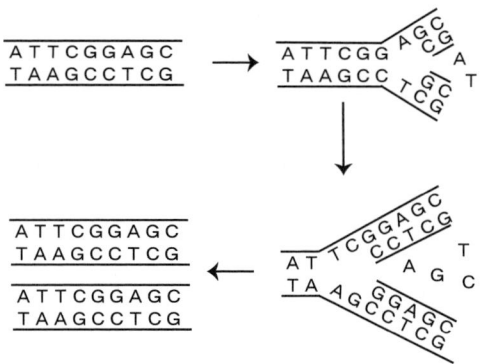

図 2.2 DNA複製の模式図

ここでDNAの複製は完全な1本鎖の状態では始まらないことを注意しておく．DNA合成酵素は部分的に2本鎖になっているところにのみ，ヌクレオチドを付加していくことができる．このため最初に足がかりになる2本鎖部分が

必要であるが，この複製の足場になる短い塩基配列を**プライマー（primer）**と呼ぶ．DNA合成酵素がこのような性質を持つので，複製ではDNAが1本鎖になった後，複製開始部分に相補的な短いプライマーが作られて1本鎖と相補的結合し，ヌクレオチドが付加されていく．プライマーがどのようにできるかなども含めて，この過程は幾つもの蛋白が関与するかなり複雑なものであるが，その詳細については分子生物学の教科書（例えば，アルバート 他．[1]）を参照してほしい．DNA複製は細胞分裂のたびに起こるので，減数分裂を除いてDNAの量は変化しない．

DNA複製におけるヌクレオチドの相補結合では1万回に1回程度の率で間違った塩基が挿入される．例えば本来A（アデニン）を持つヌクレオチドにはT（チミン）を持つヌクレオチドが結合するが，間違ってG（グアニン）やC（シトシン）を持つヌクレオチドが結合する（誤対合）ことがある．これが修正されることなく次の複製が起こると，もともとA-Tという塩基対だったものから，この塩基サイトにA-Tを持つものとG-Cを持つDNAが作られ，G-Cを持つDNAはこのサイトに変異をもつ突然変異遺伝子となる．1万回に1回程度の率でミスが起こると，例えば30億塩基対からなるヒトゲノムでは，1回複製するごとにゲノムあたり30万個の突然変異を持つことになる．しかし実際はこのような突然変異を押さえる機構（修復機構）を生物は持っており，突然変異率はこれよりずっと小さい値となる．

ここでは2つの修復機構について簡単に説明しよう．ひとつ目の機構では，複製が行われている際に間違った塩基を持つヌクレオチドが相補結合すると，DNAポリメラーゼがこれを認識し，そのヌクレオチドを除去するという働き（校正機能）が使われる．これにより，もう一度ヌクレオチドの挿入をやりなおして塩基の誤対合が修正される．もうひとつの修復機構は誤対合修復（mismatch repair）と呼ばれるもので，複製が起こった後，まず誤対合が検出され，その周辺部分で新たに複製された側の鎖が除去される．その後もう一度1本鎖部分に対して複製をやり直す．この場合複製は済んでしまっているので，どちらの1本鎖が新しく複製された鎖であるかを認識する必要があるが，これは新しく出来た鎖の方にある切れ目（ニック）を修復機構が検出することによって行われる．このような修復機構により，塩基の突然変異率

は 1 回の複製あたり，一塩基あたり $10^{-9} \sim 10^{-10}$ という非常に低い値となっている．

2.2.1 RNA（リボ核酸）

次節で説明するように，生体の中で非常に重要な役割を持つもうひとつの核酸が RNA（リボ核酸）である．RNA は DNA と同じように塩基・糖・リン酸からなるヌクレオチドが重合した分子であるが，分子的に異なる点は，糖分子（リボース）中の 5 つの炭素のうちのひとつの炭素に OH が結合している（DNA では H）こと，塩基としてチミンの代わりにウラシル（U）を使うこと，の 2 点である．ウラシルはチミンによく似た塩基で，チミンと同じようにアデニンと水素結合をする．DNA とは異なり，RNA は 2 本鎖構造ではなく，主に 1 本鎖構造をとる．このため様々な形をとることができ，蛋白のように酵素活性を持つものもある．

2.3 遺伝子工学

近年 DNA を操作する技術が開発され，様々なところで応用されている．このうちの幾つかを簡単に説明しよう．

制限酵素（restriction enzyme）は特定の塩基配列を認識して，その内部もしくはその付近で DNA を切断する．例えば Eco R1 と呼ばれる酵素は，GAATTC という 6 塩基を認識しその配列の中で DNA を切断する．対象とする生物のゲノム DNA を特定の制限酵素で切断して断片化し，ターゲットとする遺伝子の DNA 断片を選び出して，リガーゼという酵素を使って他の DNA とつなぐことが可能である．このようにすると，例えば人の特定の遺伝子の DNA を，プラスミド（plasmid）等の運び屋 DNA（ベクターと呼ぶ）につないで，大腸菌に導入することができる．大腸菌は自分の DNA と一緒にプラスミドに結合した DNA も複製するので，大腸菌を増殖することによって導入した DNA が増幅される．大腸菌は高い増殖率を持つので，このようにして大量の DNA を得ることができる．この操作をクローニングと呼ぶ．一方次章で説明するように，大腸菌にヒトの DNA を導入して，ヒトの遺伝子の産物蛋白を作らせることもできる．このようにして大腸菌に限らず様々な

生物に別の生物の DNA を導入することができる．これらの技術は総称して組換え DNA 技術と呼ばれる．

さて特定の DNA を増やすためのより簡便な方法として PRC（Polymerase chain reaction）法がある（図 2.3）．この反応では，まず 2 本鎖 DNA を熱することにより 1 本鎖の状態にする．前に述べたように，1 本鎖の状態では DNA 合成酵素はヌクレオチドの付加が出来ないが，適当なプライマーを入れ DNA 合成酵素を加えて温度を下げると複製が始まる．DNA 中の増幅したい場所の塩基配列を調べ，その両端部分をプライマーとして加えてこの反応を繰り返せば，プライマーに挟まれた部分の DNA のみを増幅することが可能である．この反応を行う際，1 本鎖にするとき高温にする必要があるが，普通の DNA 合成酵素を使うと高温のため変性してしまうので，1 回の反応ごとに酵素を加える必要がある．しかし高熱耐性細菌の DNA 合成酵素は熱に対して安定なので，これを使うと一度合成酵素を加えるだけで，何回でも反応を繰り返すことができる．現在 PRC 反応を自動的に行う機械が広く使われており，容易に必要な DNA を増幅し解析を行うこと可能になった．これを使って，例えば犯罪現場から得た微量の血液等から DNA を増幅して個体識別する DNA フィンガープリンティングなどが行われている．

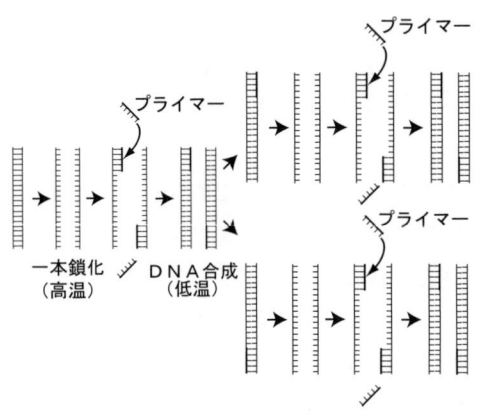

図 2.3 PCR 法

演習問題 2.3　GC含量が50%の生物のDNAを，6塩基を切る制限酵素 *Eco* RI で切断すると，DNA断片の平均の長さはどのくらいになるか？

演習問題 2.4　DNAとRNAの構造の違いを述べなさい．

演習問題 2.5　ヒトで単一の断片をPRC法を使って増幅したい．どの程度の長さのプライマーが必要か．

参考文献

[1] アルバート他著，中村他監訳：『Essential 細胞生物学 原書第2版』南江堂

第3章 遺伝子の発現

DNAと並んで生体にとって重要な生体高分子が，タンパクである．DNAは情報を担う分子であるが，タンパクは生体において様々な機能を発揮する分子で，それぞれの生物が多くの種類のタンパクを持っている．例えばコラーゲンやアクチンなどの構造タンパクは，細胞や組織の機械的支持体として機能し，ヘモグロビン等の輸送タンパクは酸素などの小型の分子を運ぶ．またDNAポリメラーゼやアルコール脱水素酵素などのように，共有結合反応を触媒する酵素もタンパクである．さらに細胞間の信号を伝達したり，後述するようにDNAに結合して遺伝子の発現を調節するものもある．このような機能はタンパクが様々な形をとることによって可能になる．様々な形をしたタンパクが生体中で遺伝子からどのようにして作られるのかを見ていこう．

3.1 タンパクの構造

タンパクはアミノ基（$-NH_2$），カルボキシル基（$-COOH$），側鎖（生体では20種類）からなるアミノ酸が，アミノ基とカルボキシル基の間でペプチド結合によって1列につながった重合体（ポリペプチド）である（図3.1参照）．側鎖の違いによってアミノ酸は異なり，その性質も異なる．生体中には20種類のアミノ酸（D型）が見られる．20種類のアミノ酸が1列につながってできるタンパクの数は非常にたくさんあり，例えば100アミノ酸からなるタンパクは，全部で20^{100}種類ある．アミノ酸が1列にどのようにつながっているかをタンパクの1次構造とよぶ．またタンパクの両端は端のアミノ酸のアミノ基とカルボキシル基であるが，それぞれN末端，C末端と呼ぶ．

タンパクはアミノ酸が1列につながった高分子であるが，生体中でひものような形で存在する訳ではない．少し離れたアミノ酸との間の水素結合によって，その一部が螺旋状の構造（αヘリックス）をとったり，シート上の構造

第3章 遺伝子の発現

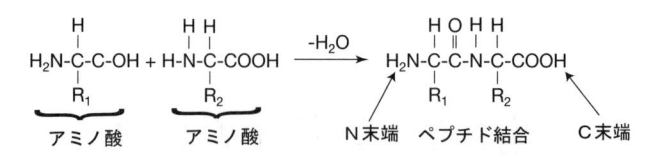

図 3.1 アミノ酸とペプチド結合．それぞれ側鎖 R_1, R_2 を持つ2つのアミノ酸のペプチド結合が示されている．

(βシート) をとったりする．このような部分的な構造をタンパクの2次構造と呼ぶ．

タンパクのそれぞれの部分が2次構造をとることによって，全体として様々な立体構造をとることができる．これをタンパクの3次構造と呼ぶ．先にも述べたようにアミノ酸配列を変えることにより多数の1次構造を取ることが可能なので，それに応じて3次構造も多様になる．タンパクの中には複数のタンパクが集まってひとつの集合体を作るものもあり，組み合わせの数は更に増える．この場合複合体を構成するそれぞれのタンパクをサブユニットと呼ぶ．例えば血液中にあって酸素を運ぶヘモグロビンには α ヘモグロビンと β ヘモグロビンがあり，それぞれ2つずつ結合して複合体となって酸素を結合する．このように複数のタンパクが集まって出来る構造を，4次構造と呼ぶ．

3.2 タンパクの合成における情報の流れ

タンパクはアミノ酸が1列に並んで結合したもので，20種類のアミノ酸がどのように並んでいるかによってその立体構造が決まり，その機能が決まる．生物が様々な機能を発揮して行く為には，多様な機能を持ったタンパクを作る必要があるが，このためには多様なアミノ酸配列を持つタンパクを合成する必要がある．生物は各タンパクに対して DNA の1領域を割り当て，そこにアミノ酸配列の情報を蓄えている．1章で見た遺伝子は実はこの DNA の1領域に対応しており，1遺伝子の DNA 配列をもとにして1種もしくは複数種のタンパクが作られる．それらのタンパクが作用することによって生物はいろいろな機能を持つことができるという仕組みになっている．

タンパクの合成過程では，まず一旦必要な DNA 領域の RNA コピーが作

られる（図3.2）．このRNAを**mRNA**（メッセンジャー**RNA**）と呼ぶ．この段階では4種の塩基の並びであるDNAが4種の塩基の並びであるRNAの並びになるだけなので，この過程を**転写**（transcription）と呼ぶ．次にリボソーム（ribosome）と呼ばれるタンパク–RNA複合体（タンパク合成工場）の中で，このコピーRNAを使ってアミノ酸の配列であるタンパクがペプチド結合により合成される．この段階では4種の塩基の並びが20種のアミノ酸の並びに変換されるので転写よりもやや複雑な過程となり，この過程は**翻訳**（translation）と呼ばれる．タンパクの合成においては情報の流れはDNA → mRNA →タンパクという一方向性のものであるが，これは生物に共通してみられる基本的現象なので，分子生物学の「**セントラルドグマ**（central dogma）」と呼ばれる．なおウィルスの中にはmRNAからDNAを合成するものがおり，このような現象を**逆転写**（reverse transcription）と呼ぶ．この場合情報の流れは逆向きになっている．次に，転写，翻訳をより詳しく見て行こう．

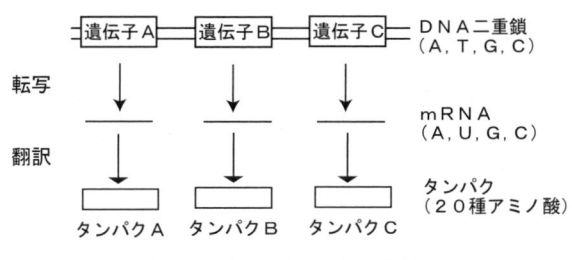

図 **3.2** タンパク合成の概略図

3.3 転写

DNAの一部の領域からmRNAが出来る過程を転写と呼ぶ．この過程は次に述べる翻訳と較べると単純で，塩基の相補的結合（A-U, T-A, G-C, C-G：左がDNAで右がRNAの塩基を表す）によって実現される．まず必要な領域のDNAの2本鎖がほどけて1本鎖となり，そこにリボヌクレオチドが塩基の相補性に基づいて結合する（図3.3）．これらのDNAに結合したヌクレオチドどうしをRNAポリメラーゼ（合成酵素）がつないで行く．この場合，

TがUとなることを除くと，鋳型になったDNA鎖と反対側の鎖（コード鎖）と同じ塩基配列を持つmRNAが合成される．転写がどこから始まり，どこで終わるか，あるいはいつ転写するか，についてもDNA配列中に情報が含まれているが，それについては遺伝子の発現の項で述べる．

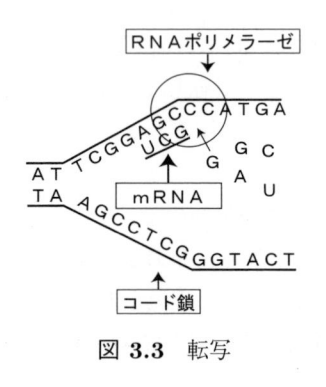

図 3.3 転写

3.4 翻訳

転写は4種類の塩基の配列（DNA）を4種類の塩基の配列（mRNA）にコピーする単純な過程であったが，翻訳は4種塩基の配列から20種類のアミノ酸からなる配列を作り出す，より複雑な過程である．この際もし1塩基を1アミノ酸に対応させると，4種類のアミノ酸しか指定することは出来ないので，mRNA配列からアミノ酸配列を指定することは出来ない．そこで生物は3塩基を1組（コドン（**codon**）と呼ばれる）とし，これと1アミノ酸と対応させることによって，塩基の1次配列からアミノ酸の1次配列（タンパクの1次構造）を決定する．3塩基の組み合わせは全部で $4^3 = 64$ 通りあるので，それぞれのコドンが，20種類あるうちのどれかひとつのアミノ酸のを指定することができる．mRNAの各コドンがどのアミノ酸に対応するかを示した表が，遺伝暗号表（表3.1）である．若干の例外はあるが殆どの生物でこの暗号表に従って，mRNAからタンパク質が合成されて行く．

この暗号表から次のことに気づく．まず始まりを示すコドンが必要で，AUGがこれにあたり，開始コドンと呼ばれる．mRNAが翻訳されるとき，mRNA

表 3.1 遺伝暗号表

1番目	2番目				3番目
	U	C	A	G	
U	フェニルアラニン	セリン	チロシン	システイン	U
	フェニルアラニン	セリン	チロシン	システイン	C
	ロイシン	セリン	終止	終止	A
	ロイシン	セリン	終止	トリプトファン	G
C	ロイシン	プロリン	ヒスチジン	アルギニン	U
	ロイシン	プロリン	ヒスチジン	アルギニン	C
	ロイシン	プロリン	グリシン	アルギニン	A
	ロイシン	プロリン	グリシン	アルギニン	G
A	イソロイシン	トレオニン	アスパラギン	セリン	U
	イソロイシン	トレオニン	アスパラギン	セリン	C
	イソロイシン	トレオニン	リジン	アルギニン	A
	メチオニン（開始）	トレオニン	リジン	アルギニン	G
G	バリン	アラニン	アスパラギン酸	グリシン	U
	バリン	アラニン	アスパラギン酸	グリシン	C
	バリン	アラニン	グルタミン酸	グリシン	A
	バリン	アラニン	グルタミン酸	グリシン	G

の5'方向から見ていって最初にでてくるAUGが開始コドンとなり，これを目印に3塩基ずつが区切られ，暗号表に従った翻訳が行われる．AUGはそれ以後にでてくるとメチオニンを指定する．次にUAA，UAG，UGAは終止コドンと呼ばれ，このコドンがあるとそこでアミノ酸の付加が終わり，タンパクの合成が終了する．最後に，コドンは全部で64種類ありアミノ酸は20種類なので，この対応は1対1対応ではない．このため複数のコドンがひとつのアミノ酸に対応することになる（冗長性）．例えばGUU，GUC，GUA，GUGはいずれもバリンを指定する．この場合3番目の塩基が突然変異により変化しても指定されるアミノ酸は変わらず，出来上がるタンパクも変化しない．このような塩基突然変異を同義突然変異（synonymous mutation）と呼ぶ．暗号表を見るとコドンの3番目に同義突然変異が起こりやすいことがわかる．これに対してアミノ酸を変えるような突然変異を非同義突然変異（nonsynonymous あるいは replacement mutation）と呼ぶ．コドンの2番目の場所での突然変異は，全て非同義突然変異である．

第3章 遺伝子の発現

　この翻訳の仕組みには，**tRNA**（転移 RNA，transfer RNA）とタンパクー RNA 複合体であるリボソームが関与している．tRNA は数十塩基からなる RNA で，どの生物も1種類のアミノ酸に対して最低1種類の tRNA を持っている．tRNA は幾つかの部分で塩基が相補的結合することによりクローバーのような形になり，更に折り畳まれてT字型の構造を取っている．各 tRNA は特定のアミノ酸を結合する部位とそのアミノ酸に対応するコドンと相補的な**アンチコドン**（anticodon）と呼ばれる3塩基を持っている．そこでアミノ酸を結合した tRNA のアンチコドンがリボソーム中で mRNA のコドンと結合することにより，遺伝暗号表の対応が実現される（図 3.4）．このようにして各 tRNA は特定のアミノ酸の運搬をになう．リボソームにはアミノ酸を結合した tRNA が入る2つの部屋があり，mRNA を読み取りながら順番にアミノ酸を結合しポリペプチドを合成して行く．リボソームは読み取っている mRNA で停止コドンに出会うと，出来つつあるポリペプチドを解放しタンパクの合成は終了する．

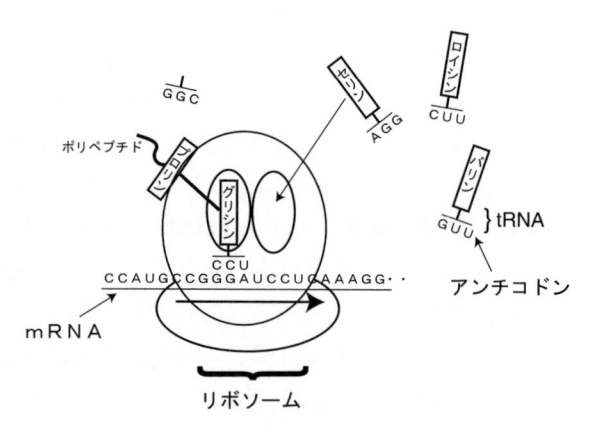

図 3.4　リボソームにおけるタンパク合成

3.5　転写の詳細

　生物は適切な時期に適切な場所（組織）で遺伝子の発現を行う必要がある

が，この仕組みはかなり複雑である．まず DNA のどこの領域を転写するかということであるが，この仕組みは大腸菌のように DNA を取り囲む核膜を持たない原核生物と，我々のような DNA が核膜に包まれている真核生物では若干異なっている．

原核生物の場合大腸菌を例にとると，転写が開始されるより 5'側（上流と表現する）に，プロモーターと呼ばれる領域があり，そこに RNA ポリメラーゼが結合する．典型的な場合についてより詳しく説明すると，転写開始点より 35 塩基上流から TTGACA，12 塩基上流から TATATT という配列がある場所を目印に RNA ポリメラーゼが結合し，転写を開始する．プロモーター領域の近傍の DNA 配列には，いつ転写を行うかを調節するシグナルも存在する．開始のシグナルと同様に，転写を集結するターミネーターと呼ばれるシグナルも DNA の配列中に存在する．RNA ポリメラーゼはこれに出会うと，その下流側で転写を終了する．原核生物ではしばしば隣り合う複数の遺伝子が全体でひとつしかターミネーターを持たず，一度に複数の遺伝子が転写される．このような転写をポリシストロニックな転写と呼ぶ．

真核生物のタンパク質をコードする遺伝子の典型的なプロモーターでは，転写開始点の 25 塩基上流に主に T と A からなる TATA ボックスがあり，この場所に RNA ポリメラーゼ II が結合する．遺伝子からかなり離れた場所も含めて，これ以外にも遺伝子の発現を調節するエンハンサーやリプレッサーと呼ばれる塩基配列が複数存在し，これらの場所に転写調節に関与する転写因子と呼ばれるタンパク質が結合して，真核生物の複雑な転写調節が行われている（図 3.5）．

真核生物での転写のもうひとつ重要な点は，**スプライシング（splicing）** と呼ばれるプロセスである．原核生物と異なり真核生物の多くの遺伝子は，イントロン（intron）と呼ばれるタンパクにコードされない領域によって分断されている．タンパクをコードする，つまりコドンの連なりからなる部分をエクソン（exon）と呼ぶが，リボソームでポリペプチドを合成する為には，その前にイントロンを切り出してエクソンをつなげた mRNA（成熟 mRNA）を作る必要がある．このプロセッシングをスプライシングと呼ぶ（図 3.5）．スプライシングは核の中で行う．これ以外に，5'が加工され更に 3'側

にAの反復配列（ポリA）が付加された成熟mRNAが，核をでて細胞質中のリボソームに向かう．

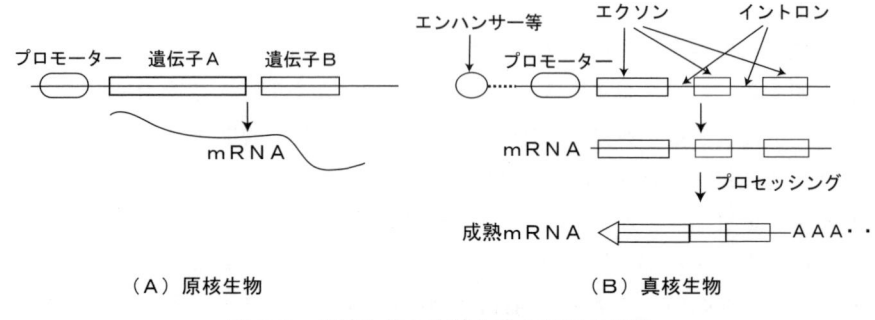

図3.5　原核生物と真核生物の転写の特徴

演習問題 3.1　次のDNA配列はタンパクをコードしている遺伝子の最初の一部の，転写の際鋳型にならない方（コード鎖）の塩基配列を示している．どのようなアミノ酸配列ができるか．
GATGCCAGGCTTTAAGCTGT…

演習問題 3.2　上の配列に1塩基が挿入される突然変異が起こった．どのようなアミノ酸配列ができるか．
GATGCCAGGCTTCTAAGCTGT…

演習問題 3.3　真核生物と原核生物の遺伝子構造の違いを挙げなさい．

演習問題 3.4　50アミノ酸からなるタンパクを作る遺伝子は何種類あるか？

演習問題 3.5　tRNA遺伝子のアンチコドン部分の塩基に突然変異が起こると何が起きるか．

第4章　古典遺伝学

前の2章で遺伝の分子的基礎について述べたので，この章では遺伝子が伝わるということに着目した現象論的な古典的遺伝学（例えばクロー [1] 参照）に戻って，もう少し詳しく遺伝の様式を見てみよう．

4.1 生活環と倍数性

メンデル遺伝学で考察する典型的な生物では，**2倍体（diploid）**のゲノムを持った親（複相世代，2n）が減数分裂を経た**半数体（haploid）**の配偶子（単相世代，n）を放出し，両親からの配偶子が接合して複相世代である**接合体（zygote）**ができ，これが成長して子となるという過程を繰り返す．どの生物でも基本的にはこのパターンで次世代が作られるが，生物によって若干の相違がある．遺伝の問題を考えるときにはこのような知識が必要になるので，我々と異なった様式で次世代を作る幾つか遺伝学のモデル生物の例を見て行こう．

4.1.1 線虫 *Caenorhabditis elegans*

線虫の仲間である *C. elegans* は，飼いやすい，世代が短い，細胞数が少ない等の特徴があり，遺伝学のモデル生物として広く使われている．*C. elegans* には雌雄同体の個体と雄の個体が存在し，雌雄同体の個体では自分の精子で自分の卵子を受精する自殖（selfing）が可能である．通常飼っていると雌雄同体であるが，まれに（1%以下）雄が生まれ，この雄は雌雄同体と交配し，1：1の割合で雌雄同体と雄の子供を産む．

4.1.2 ゼニゴケ *Marchatia*

コケは我々と違って単相世代（n）が複相世代より長く，分裂して多細胞の

植物体（配偶体）を作る．雌性配偶体は卵子，雄性配偶体は精子を作り放出し，この両者が接合して複相世代の胞子体を作る（2n）．胞子体は減数分裂をして単相世代の胞子を作り，これらが雌性もしくは雄性配偶体となる．表現型を観察するときは，どちらの相の個体を見ているのかに注意する必要がある．

4.1.3 被子植物トウモロコシ *Zea mays*

同じ植物でもトウモロコシでは複相世代が我々と同じように長い．減数分裂によりできた雄性配偶体の花粉と雌性配偶体の卵が接合して胚ができ，胞子体（2n）となって植物体を作るが，ここで気をつけなければならないことは，我々が見るトウモロコシの粒の殆どの部分は3倍体（3n）の胚乳からなることである．減数分裂の後，雄性・雌性配偶体とも核の分裂が起こり，それぞれが半数体ゲノムを持つ核を複数持つようになる．そのうちの雌雄1個ずつの核が接合して胚（2n）となるが，胚乳は雄性配偶体から1個，雌性配偶体から2個の核が融合して出来上がるので3倍体（3n）となる．胚乳の表現型を調べるときには，このことを覚えておく必要がある．

4.1.4 アカパンカビ *Neurospora crassa*

アカパンカビは菌類の1種であるが，単相世代である配偶体（菌糸）の期間が1世代の間で長い．配偶体には2つのタイプ（交配型）があり，異なる交配型どうしが接合して後すぐに減数分裂が起こる．アカパンカビでは，減数分裂で出来た4つの配偶子がひとつのサック（子嚢）の中に並び，全てを観察することができる．これを利用して，後に述べるような遺伝子変換など遺伝学の重要な発見がなされた．

4.1.5 ゾウリムシ *Parmecium*

原生動物は真核生物の中では我々から最も離れているので，その中には様々な生活様式を持ったものが見られる．ゾウリムシは複相世代が長く，減数分裂も我々と同じように起こる．しかし減数分裂後に特徴が見られ，次の2つのどちらかが起こる．まず自家受精が起こると，減数分裂で出来た4つの核

のうち3つが退化し，残ったひとつの核が複製した後，融合して2nの複相となる．そのあと有糸分裂を繰り返す．この場合，全ての遺伝子座がホモ接合になる．一方，異なる個体が接合した場合，自家受精のときと同じようにそれぞれの中でまず3つの核が退化し，残ったひとつの単相核が複製する．その後お互いの単相核を交換する．これによりホモ接合でない遺伝子座が出来てくる．この後は有糸分裂を繰り返して増殖する．

4.2 連鎖と組換え

4.2.1 連鎖

メンデルの実験では，2つの遺伝子座の対立遺伝子は独立に遺伝した（独立の法則）．しかしその後の研究で，2つの遺伝子座を調べたときにいつも対立遺伝子が独立に伝わるわけではないことが明らかになった．

例としてニワトリの冠と足の形を決める2つの遺伝子座を考えよう．冠の遺伝子座には，R（バラ冠）とr（単冠）という対立遺伝子があり，バラ冠は単冠に対して優性である．また足の遺伝子座には，C（単脚）とc（正常脚）という対立遺伝子があり，単脚が正常に対して優性である．ここでホモ接合体CCは致死である．バラ冠で正常脚のホモ接合系統（母由来，父由来の配偶子を / で区切って，Rc/Rcと表示する）を単冠で単脚（rC/rc）の個体と交配した後，その子供（Rc/rC）を単冠で正常脚の個体（rc/rc）と交配して得られた子供を調べたところ，次のような結果を得た．

表現型	バラ冠, 正常脚	単冠, 単脚	バラ冠, 単脚	単冠, 正常脚
遺伝子型	Rc/rc	rC/rc	RC/rc	rc/rc
観察数	1069	1104	6	4
割合	0.490	0.505	0.003	0.002
	非組換え型		組換え型	

独立の法則に従うとすると，4つの遺伝子型は同じ割合で生まれてくるはずであるが，この結果を見ると，明らかにRc/rC個体がその両親から受け継いだと同じ遺伝子の組み合わせ（非組換え型，parental type）を，子に多く

伝えていることがわかる．

このように，異なる遺伝子座の遺伝子が次世代に独立に伝わらず，親から受け継いだ組み合わせがより多く伝わる場合，この2つの遺伝子座は**連鎖**（**linkage**）しているという．ここで連鎖群（linkage group）という概念を定義しよう．3遺伝子座 A, B, C があり，A, B 遺伝子座と，B, C 遺伝子座がそれぞれ連鎖しているとしよう．A, C は必ずしも連鎖していなくてもよい．この場合，A, B, C は同じ連鎖群に属する，と定義する．3個以上の複数個の遺伝子座で連鎖を調べることにより，これらの遺伝子座を連鎖群にグループ分けすることが可能である．

次に述べるように，連鎖は2つの遺伝子座が1本の染色体上の近傍に位置するために起こるが，ニワトリの例で見るように連鎖は必ずしも完全ではなく，**組換え型**（**recombinant type**）も生じることがわかる．このような組換え型は相同染色体の間で部分が交換されることによって作られる．ニワトリの例では，組換え（recombination）は 0.005 の割合で起こっているが（組換え型の割合の合計），この割合のことを組換え率（recombination rate）と呼ぶ．

4.3 減数分裂

ここで減数分裂について少し詳しく述べよう．減数分裂では，まずそれぞれの染色体が複製され，**姉妹染色分体**（**sister choromatid**）として動原体のところで結合した状態となっている．減数分裂の1回目の分裂（減数第1分裂）が起こる前にまず相同染色体どうしが対合（染色体対合，synapsis）し，染色体が4本まとまった4分染色体が観察される（図4.1）．このとき4分染色体間に，X字型のキアズマ（chiasma）と呼ばれる構造が見られる．このキアズマを，交叉（乗換え，crossingover）と呼ばれる染色分体間でのつなぎ替えの経過が見えているものと考えると，前節で述べた遺伝子の組換えが良く説明できる．つまり4分染色体間で交叉が起きると，その両側に有った遺伝子が組変わると考えることができる（図4.1参照）．対合している4分染色体の各点では交叉は高々1回しか起きない．つまり交叉が起こった場合，その場所で交換が起こるのは4本のうちの2本の間でだけである．染色体の部

分交換が完了した後，動原体が細胞の両極に引っ張られて，さらに細胞分裂が起こって第 1 分裂が終了する．次に動原体のところで結合した姉妹染色体どうしが細胞の両極にわかれ，第 2 分裂が終了する．交叉が起こっていれば，結果として繋ぎ換わった染色体が配偶子に分配されることになる．

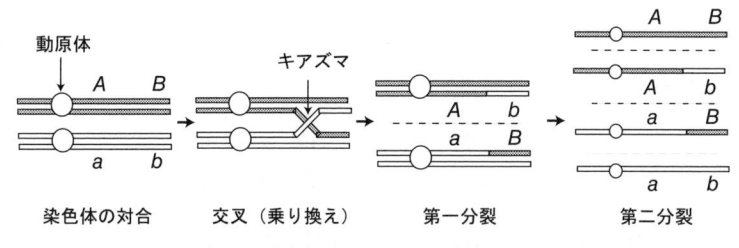

図 4.1 減数分裂における染色体の挙動

　結局，染色体間の交叉によって繋ぎ換わった染色体が伝わることにより（物理的現象），交叉が起こった場所の両側の遺伝子が組換わる（遺伝的現象）．この場合遺伝子座が同じ染色体の近い位置にあるとき連鎖する傾向が強くなる，つまり組換え率が低くなる，と予想される．それぞれの染色体は独立に分配されるので，遺伝子座が別の染色体上にあると独立の法則に従って遺伝子は伝わり，組換え率は 0.5 となる．
　同じ染色体に載っていても遺伝子座どうしが離れた位置に有ると，その間でほぼ確実に交叉が起こるので組換え率は 0.5 に近づき連鎖しなくなる．しかし染色体上の遺伝子座を密に調べると隣同士は連鎖しているので，同じ染色体上の遺伝子座はひとつの連鎖群に属する．

　演習問題 4.1　ネズミは体細胞で 42 本の染色体を持っている．全ての遺伝子座間で連鎖関係が調べられたとすると，いくつの連鎖群が出来るか．

4.4　組換え率の推定と遺伝子地図

　連鎖の項でで述べたように，組換え型の割合を調べることにより組換え率を推定することができる．組換え率は染色体上の物理的に離れた位置にある

遺伝子座間で高くなると予想されるので，組換え率を使って遺伝子座間の距離を求め，遺伝子の位置関係を決める，つまり遺伝子地図（genetic map）を作成することができる．

演習問題 4.2 ショウジョウバエのX染色体上にある遺伝子座 A と B の組換え率を調べるために，AB/ab（♀）と ab（♂）の交配を行い，子供のうち♂1000個体を調べたところ，次のような結果を得た．A, B 遺伝子座の組換え率を推定しなさい．

genotype	AB	Ab	aB	ab
number	424	85	77	414

遺伝子地図を作成するために，3遺伝子座の位置関係を調べる方法を考えよう．表4.1はショウジョウバエの劣性X連鎖遺伝子，sc（剛毛欠如），ec（目がざらざら），cv（羽の支脈の一部欠如），について $+++/sc, ec, cv$（♀）× sc, ec, cv の検定交配を行い，3248個体の子供を調べた結果を示している．ここで + は野生型遺伝子を表しており，遺伝子がこの順番でX染色体上に並んでいることがわかっているとする．この交配では表現型から全ての遺伝子型が推定できるので，それぞれの遺伝子型の♂と♀の子供数の合計を表に示してある．

表 4.1 ショウジョウバエの交配結果

遺伝子型 ♂	♀	観察数	タイプ
sc, ec, ev	$sc, ec, cv/sc, ec, cv$	1158	1
$+++$	$+++/sc, ec, cv$	1455	1
$sc++$	$sc++/sc, ec, cv$	163	2
$+ec, cv$	$/+ec, cv/sc, ec, cv$	130	2
$sc, ec+$	$sc, ec+/sc, ec, cv$	192	3
$++cv$	$++cv/sc, ec, cv$	148	3
$sc+cv$	$sc+cv/sc, ec, cv$	1	4
$+ec+$	$+ec+/sc, ec, cv$	1	4

まず，$sc-ec$ の組換え率 r_{se-ec} を求めてみよう．子供達の中で，この2つの遺伝子座間で組換えを起こしたものはタイプ2とタイプ3である．そこで $r_{se-ec} = (163+130+1+1)/3248 \approx 0.091$ と推定される．同様にして，$r_{ec-cv} = (192+148+1+1)/3248 \approx 0.106$ となる．これらを総合すると，遺伝子地図

$$sc - (0.091) - ec - (0.106) - cv$$

が出来上がる．なおカッコ内に**遺伝的距離**（**map distance**）を示してある．

さて上の遺伝子地図推定では，組換え率を遺伝的距離として使った．もし ec 遺伝子座については調べず $sc-cv$ 間の地図を作ると，その間の距離は $r_{sc-ev} = (163+130+192+148)/3248 \approx 0.195 \neq 0.197 = 0.091+0.106$ となり，上の2つの距離を足したものにならない．これは**二重交叉**（**double corssingover**）が起こったタイプ4では，結果として $sc-ev$ の組換えが起こっていないことによる．距離は和が距離となるように定義すべきなので，このことから遺伝距離としては組換え率ではなく，遺伝子座間に起こった交叉の期待数を使った方が良いことがわかる．交叉の期待数を推定するためには，二重交叉が起こらないような近傍にある遺伝子座間で組換え率を推定する必要がある．遺伝学では，このようにして推定した遺伝的距離を，ショウジョウバエ遺伝学の祖モーガン（Morgan）にちなみ，100倍してセンチモーガン（cM）という単位で表記する．上の例では $sc-ec$, $ec-cv$, $sc-cv$ の距離はそれぞれ 9.1cM, 10.6cM, 19.7cM ということになる．

ここで二重交叉についてもう少し考察しよう．上の例では，$sc-ec$, $ec-cv$ の組換え率はそれぞれ 0.091 と 0.106 であった．もし交叉が独立に起こると仮定すると，二重交叉が起こる確率は $0.091 \times 0.106 = 0.01$ となり，観察された二重交叉の割合 0.001 よりずっと大きくなる．つまり二重交叉は期待されるよりもずっと低い頻度でしか起こらず，交叉は一度起こると近傍で起こりにくくなっていることがわかる．この現象を干渉（interference）とよび，干渉の程度を次式で定義される干渉率を使って表す．

$$干渉率 = 1 - 観察値/二重交叉期待値.$$

上の例では，干渉率 $= 1 - (0.001/(0.091 \times 0.106)) = 0.9$ となる．

二重交叉が起こらないような近い遺伝子座の間で組換え率を測定して順次遺伝子地図を作って行けば，原理的には正確な遺伝子地図が作成できる．過去においては必ずしもこのような遺伝子座が利用できなかったので，組換え率から交叉の期待頻度である遺伝距離を推定するために，地図作成関数が提案された．最も簡単なものとしては，干渉がないと仮定して導かれた次のHaldaneの式がある．

$$M = -\frac{1}{2}\ln(1-2r).$$

ここで M は遺伝距離（モーガン），r は組換え率である．しかし現在では遺伝子座を染色体上に密に取ることは難しくないので，干渉に関して何らかの仮定することによる地図作製関数を使うより，密に遺伝子座を取って地図を作製した方が良いであろう．

　上で見たショウジョウバエの例では，3遺伝子座の並び方がわかっていることを仮定した．しかし遺伝地図を作製するにあたっては，遺伝子の並び方がわかっていないことの方が多い．このような場合でも遺伝地図を作製することが可能である．常染色体上に A, B, C 3つの遺伝子座が有り，それぞれに A, a, B, b, C, c の2対立遺伝子が有るとする．3遺伝子座の並び方はわからないので，一方の親からもらった配偶子を (ABC) のように括弧で囲って表現することにする．$(ABC)/(ABC)$ 系統と $(abc)/(abc)$ 系統を交配して得た子 $(ABC)/(abc)$ と $(abc)/(abc)$ を検定交雑して，次のような数の子供を得たとする．

$(ABC)/(abc)$	342	$(ABc)/(abc)$	53
$(AbC)/(abc)$	108	$(Abc)/(abc)$	3
$(aBC)/(abc)$	5	$(aBc)/(abc)$	95
$(abC)/(abc)$	63	$(abc)/(abc)$	331

このようなデータから遺伝地図を作製する際は，まず二重交叉によってできた配偶子がどれかを決める．二重交叉配偶子の頻度は一番低くなると予想されるので，この例の場合 (aBC) と (Abc) が二重交叉による配偶子と考えられる．この2つの配偶子が二重交叉で生まれるためには，A 遺伝子座が真ん中にある必要があるので，遺伝子座は BAC と並んでいることがわかる．後は先ほ

どのショウジョウバエの例と同じで，$r_{BA} = (108+95+5+3)/1000 = 0.211$，$r_{AC} = (53+3+5+63)/1000 = 0.124$ となり，遺伝子地図は

$$B - (0.211) - A - (0.124) - C$$

となる．

このようにして組換えを用いることにより，実際の遺伝子を観察することなくショウジョウバエやトウモロコシ等様々な遺伝学のモデル生物で遺伝子地図が作られた．

演習問題 4.3 連鎖していると考えられる A, N, R という遺伝子座が有り，それぞれに $(A, a), (N, n), (R, r)$ の 2 対立遺伝子が有る．ここで大文字の対立遺伝子は優性であり，A, N, R で優性表現形質，a, n, r で劣性表現形質を表すことにする．$(ANR)/(ANR)$ と $(anr)/(anr)$ を交配するとANR の形質を持つ個体が生まれるが，この個体を anr の形質を持つ個体に交配したところ，次のような形質の子供が合計 1000 個体得られた．遺伝子地図を作りなさい．また干渉の有無を述べなさい．

ANR	296	ANr	63
AnR	10	Anr	119
aNR	86	aNr	15
anR	82	anr	329

演習問題 4.4 4分染色体あたりのキアズマの平均数が 2 であれば，この染色体の遺伝的地図の長さはどれだけか．

4.5 組換えと遺伝子変換

前に述べたようにアカパンカビでは，減数分裂で出来た 4 つの配偶子（実際は更に細胞分裂を 1 回行うので 8 個）がひとつのサックの中に並ぶ．そこでサック中の配偶子を観察することによって分離がどのように起こっているかを直接調べることができる．ある形質に着目しヘテロ接合体のサックを調べると，通常は形質の分離は 1：1 となっているが，時々 3：1 や 1：3 の

分離が見られることがある．この場合ひとつの配偶子の対立遺伝子が，別の配偶子の対立遺伝子によって置き換えられていると考えられる．この現象を**遺伝子変換**（**gene conversion**）と呼ぶ．

遺伝子変換は，交叉における染色体のつなぎ替えが起こる前に，まず一方の染色体のひとつの鎖が他方の染色体に侵入して，片方の鎖を置き換えて行く（branch migration）ことによって起こると考えられている（図4.2）．侵入を受けた染色体のこの部分は別の相同染色体の鎖が合わさった形になり，もし2つの相同染色体のこの部分の塩基配列が異なっていれば，完全には相補的ではない**ヘテロデュープレックス**（**heteroduplex**）が形成される．侵入を受けなかった方の1本鎖が切れてつなぎ換われば組換えが起こるが，侵入を受けた方の鎖がまたもとの鎖とつながると（図4.2参照），ヘテロデュープレックスの部分を除いてはもとと同じになる．ヘテロデュープレックスは修復によって相補性を回復するが，その場合侵入した方の鎖に従って修復されると，その部分が置き換えられ遺伝子変換が起こる．組み換えが起こらない遺伝子変換ではその部分だけ塩基配列が置き換わるので，あたかも非常に近い場所で二重交叉が起こったように見える．ここで説明した遺伝子変換は同じ遺伝子座の遺伝子間で起こるものであるが，多重遺伝子族のメンバー遺伝子等のように異なる遺伝子座の相同性の高い遺伝子間でも起こることが知られている．

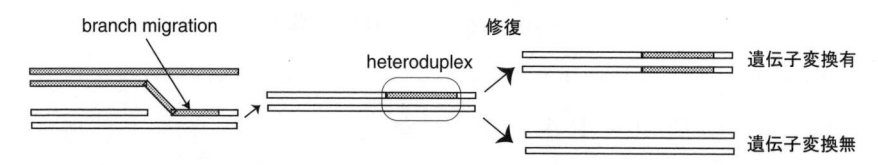

図 4.2 遺伝子変換の起こる仕組み（組換えが起こらなかった場合）

4.6 ヒトにおける遺伝子のマッピング

興味のある形質に関与する遺伝子座を同定するためには，遺伝地図上での位置を決める必要がある．つまり遺伝子座間の組換え率を推定する必要がある．しかしヒトではモデル生物のように自由に交配することが出来ないので，

4.6 ヒトにおける遺伝子のマッピング

これまで述べたような方法で組換え率を推定することが出来ない．そこで注目する形質に関する変異が見られる多くの独立な家系を集め，家系図を利用して遺伝子のマッピングを行う方法が開発された．これについて説明しよう．

ヒトの染色体上には簡単に対立遺伝子を決定する（タイピング）ことのできる共優性マーカー遺伝子座（ヘテロ接合体をホモ接合体から区別できる）が既に沢山あり，それらの遺伝地図上の位置がわかっている．そこで注目する形質に関与する遺伝子の位置を知るためには，どのマーカーと連鎖しているかを知り，またそのマーカー遺伝子座との組換え率を推定すればよいことがわかる（遺伝子マッピング）．

マーカー遺伝子座の対立遺伝子を M, m，注目する遺伝子座の対立遺伝子を D, d で表し，D が優性であるとする．D の形質（例えば遺伝病の発現）を持つ子供が見つかったとして，その兄弟と両親を調べ遺伝子型が図 4.3 のように決まったとしよう（親での遺伝子型をその相まで含めて決めるために，更に 1 代前を調べる必要がある）．この場合 3 番目の男子が組換え体である．マーカー遺伝子座と D 遺伝子座の組換え率を r とすると，このような家系データが得られる確率（3 回の減数分裂で組換えが 1 回起きる確率）は，$3r(1-r)^2$ となる．

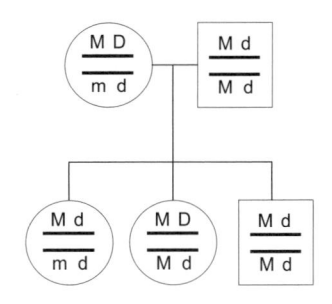

図 4.3 形質を表現する個体のいる家系図

これを複数の独立な家系で調べてそれぞれの確率の積を求めると，そのようなデータが得られる確率，つまり尤度（likelihood）を得ることができる．この尤度関数を使って組換え率の最尤推定をすることができるが，その前に

このマーカー遺伝子座が注目の遺伝子座と連鎖しているかどうかを，尤度比検定（likelihood ratio test）の考え方を使って調べる．例えば子供がそれぞれ 3 人，4 人，3 人いる 3 家系を調べて，組み換えがそれぞれ 1，0，0 回観察されたとする．この場合の尤度関数 $L(r)$ は

$$L(r) = 3r(1-r)^2 \times (1-r)^4 \times (1-r)^3 = 3r(1-r)^9,$$

である．$\hat{r}$ で r の最尤推定値（この場合は 0.1）を表すと，連鎖がない場合（$r=1/2$）を帰無仮説としたときの尤度比は，

$$2^{10}\hat{r}(1-\hat{r})^9,$$

となる．人類遺伝学ではこの比の 10 を底とした対数値を lod score と呼んで lod で表し，ゲノム上の多くのマーカー遺伝子座を調べてこの値が 3 以上のとき，そのマーカー遺伝子座は注目の遺伝子座に連鎖していると推測する．また -2 と 3 の間のときは不定, -2 以下のときは連鎖がないと判断する．普通の尤度比検定と異なり，この場合は複数のマーカー遺伝子を使って多重テストを行うので，経験則としてこのような判断基準を使っている．この例では

$$\text{lod} = \log_{10}(2^{10}\hat{r}(1-\hat{r})^9) = 1.598,$$

なので，不定ということになる．この場合かなり強い連鎖（$r=0.1$）が有るように見えるが，観測された減数分裂の数（サンプルした個体数）が 10 と少ないため，連鎖があると判断できなかった．

演習問題 4.5　20 個の減数分裂で 2 回組換えを観察したとすると lod スコアはどうなるか．連鎖は有ると判断されるか．

4.7　遺伝学のトピック

これまで遺伝子の集合であるゲノムが，どのように伝わって情報を発現し，またどのような変化を受けるかを見てきた．これを基礎に，次章以降で生物進化がどのように起こるかを説明していくが，その前にゲノム進化を考える上で重要だがこれまで述べてこなかった 2 つの遺伝的現象について説明する．

4.7.1 動く遺伝子

メンデルの遺伝学では遺伝子は染色体上の決まった位置に座位しており，染色体の構造変化（次章で説明する）がない限り不動のものと考えられていた．しかしアメリカの遺伝学者バーバラ・マクリントックのトウモロコシに関する遺伝学的研究から，遺伝子が動くと仮定しないと説明できないような現象が発見された．このような遺伝子は**トランスポゾン**（**transposon**）と名付けられた．これらの多くのものはゲノムの中から自分自身を切り出し，ゲノムの別の箇所に入り込むDNA配列であることがわかっている．マクリントックの研究以降，脊椎動物も含めて多くの種のゲノムにこのようなトランスポゾンが見つかった．マクリントックが発見したトウモロコシの Ds エレメントやショウジョウバエのPエレメントはその例である．トランスポゾンは移動（転移）に際して挿入場所の周りの遺伝子に影響を与えるので，突然変異を引き起こすことが多い．

ゲノム中にはこのようなDNAを介して転移するトランスポゾン以外に，RNAを介して転移する**レトロポゾン**（**retroposon**）と呼ばれる因子が存在する．レトロポゾンは一旦RNAに転写された後，逆転写酵素により逆転写されたDNAが，ゲノム中の別の場所に入り込む．もともと入っていた場所でのオリジナルコピーに変化はなくコピーが増えるだけなので，上で述べたトランスポゾンと比較してゲノム中のコピー数が多くなることが多い．レトロポゾンは大きく分けると6－8kbの長さを持つLINEと，100－300bpと短いSINEに分類され，前者は逆転写酵素を自分自身でコードしている．後者は逆転写酵素を持たず，生体内の機能RNAである7SL RNAやtRNAと相同性があり，これらの配列から由来したと考えられている．これ以外にもレトロウィルス等逆転写によってゲノム中に入り込む配列が知られており，総称して**レトロエレメント**（**retroelement**）と呼ばれている．ゲノム中でのこのような配列の割合が数十％になっている場合も有り，ヒトにおいても，7SLRNA由来のSINEのひとつAlu配列はゲノムあたり数十万コピー，LINEのひとつL1エレメントは数万コピー存在する．

4.7.2 X染色体の不活性化

これまで遺伝子つまり DNA 配列と環境が決まれば表現型が決定される，遺伝学の典型的な例を述べてきた．しかし環境と DNA 配列が同じなのに，異なる表現型が観察される場合が幾つか見つかっている．これらは総称して**エピジェネティック（epigenetic）**な現象と呼ばれるが，そのうちのひとつである哺乳類における**X 染色体不活性化（X chromosome inactivation）**について述べよう．

哺乳類では性染色体の構成がＸＸだとメスで，ＸＹだとオスとなる．Y 染色体上の遺伝子数はX染色体上の遺伝子数に較べると少ないので，多くのX染色体上の遺伝子座でオスは1個，メスは2個遺伝子を持つことになる．個々の遺伝子産物のバランスを考えたとき，X染色体上の遺伝子がもし1個で充分であるとすると，メスではX連鎖遺伝子の産物量が多すぎることになる．哺乳類ではメスでX染色体のどちらか一方を発生のある時点でランダムに不活性化することによりこの問題を解決している（Lyon 仮説）．実際に成熟したメスで細胞を観察すると，不活性化されて凝縮したX染色体であるバール体（barr body）が観察される．例えばメス個体がX連鎖遺伝子座でヘテロ接合であった場合，どちらの対立遺伝子の載った染色体が不活性化されるかにより，同じ DNA を持っているにもかかわらず細胞によって異なる表現型を示すことがある．有名な例は三毛猫で，ある時点で不活性化が起こるとその子孫細胞は全て同じ方のX染色体が不活性化され，しかも不活性化はランダムに起こるので，パッチ上の毛の色の変化が見られる．

参考文献

[1] J. F. クロー著，木村資生・太田朋子翻訳：『遺伝学概説』培風館

第5章　遺伝的変異

　現在地球上には記載されているだけでも約200万種の多様な生物種が生息している．これらの生物は，30億年以上前に生息した共通の祖先から進化により生まれたものであると考えられている．生物の設計図は遺伝子＝DNAなので，このような生物進化はDNAの進化と見なすことができる．もう少し詳しく言うと，生物の集団中にDNAの変異が生じ，それが集団中に広がることによって生物集団全体が変化して，新しい種が誕生してきたと考えられる．このような集団の遺伝的構成の動態を研究する学問分野が，集団遺伝学（population genetics，例えばGillespie [1] 参照）である．上に述べたように進化の歴史はDNAに刻み込まれていると言うことができるので，DNAの進化がどのように起こってきたかを集団遺伝学を使って考察することで，現在の各種生物が持つDNA配列がいかにして出来てきたかを推測することができる．

　例えばAIDZ（先天的免疫不全症）を引き起こすウィルスHIV（Human Immunodeficiency Virus）は，ウィルスの逆転写酵素を阻害して増殖を抑止する薬を患者に投与すると，最初は患者の体内でその数が減少するが，少し時間が経つと抵抗性を獲得しまた増殖を始める．これは逆転写酵素をコードする遺伝子に起きた薬の阻害効果を減少させる突然変異が，後述する自然淘汰により体内のウィルス集団中に広がった，つまり薬剤抵抗性が進化したためであることがわかっている．HIVのようにRNAをゲノムに持つウィルスは修復機構を持たないので高い突然変異率を持ち，このため薬剤耐性がすぐ進化してしまう．HIVの逆転写酵素遺伝子を調べると，このような耐性進化の歴史を見て取ることができる．

　また異なる種の同じ遺伝子座の遺伝子配列を調べることによって，生物の由来を知ることも出来る．各種の由来を示すために生物の系統関係を樹木の

第 5 章　遺伝的変異

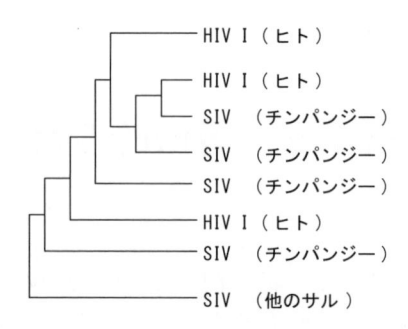

```
            ┌─── HIV I （ヒト）
          ┌─┤
          │ └─── HIV I （ヒト）
        ┌─┤
        │ └────── SIV  （チンパンジー）
      ┌─┤
      │ └──────── SIV  （チンパンジー）
    ┌─┤
    │ └────────── SIV  （チンパンジー）
  ┌─┤
  │ │  ┌───────── HIV I （ヒト）
  │ └──┤
  │    └───────── SIV  （チンパンジー）
  │
  └──────────────── SIV  （他のサル）
```

図 5.1　SIV の概略系統樹：Freeman and Herron [2] 図 1.21 より作成

ように表したものを，**系統樹（phylogenetic tree）**と呼ぶ．図 5.1 にウィルスの遺伝子配列を使って作成した，HIV を含む SIV（猿に感染する類似ウィルス）の系統樹の概略を示す．

この系統樹からヒトの HIV の一種 HIV I がチンパンジー由来であること，また少なくとも 3 回独立にヒト集団への侵入が有ったことが推測される．このように遺伝子配列に基づく分子系統樹によって，ウィルス等の病原体の感染経路を推測することもできるし，また生物の系統関係についても情報を得ることができる．

上に述べたようにゲノム配列を進化的観点から見るといろいろな情報を得ることができる．そこで，ゲノム配列解析の基礎知識を得るために，生物の進化，つまり遺伝子の進化がどのような機構で起こってきたかについて，集団遺伝学の立場から見て行くことにしよう．この章ではまず進化の素材を提供する突然変異について説明し，次に生物集団中の変異とその定量化について述べる．

5.1　突然変異

DNA の変化を総称して**突然変異（mutation）**と呼ぶ．突然変異は次のように分類することができる．その進化における役割についても示しておく．

1. **点突然変異（point mutation）**→新しい対立遺伝子の創出

2. **遺伝子重複**（gene duplication）→新しい遺伝子座の創出

3. **染色体の変化**（chromosomal alteration）→ゲノムの再編

これらを順次説明していく．

5.1.1 点突然変異

ひとつの塩基から別の塩基への変化を点突然変異（point mutation）と呼ぶ．点突然変異が起こった遺伝子は新しい対立遺伝子となる．点突然変異は，翻訳されたときアミノ酸を変える場合は**非同義突然変異**（**nonsynonymous** または **replacement mutation**），アミノ酸を変化させないときは**同義突然変異**（**synonymous** または **silent mutation**）と呼ばれる（3章参照）．silent mutation には，エクソンの中に起こってアミノ酸を変化させない同義突然変異に加えて，イントロンや非コード領域に起こるものも含まれる．アミノ酸を変化させる場合タンパク質が変化するので，その突然変異を持つ生物の機能が変化する可能性がある．例えば β グロビンの6番目のアミノ酸を変える突然変異は，その遺伝子のホモ接合体を鎌形赤血球貧血症にする．

DNAの塩基はプリン（A, G）とピリミジン（C, T）の2グループに分けられるが，A→G など同じグループ内の変化を transition，A→T など異なるグループ間の変化を transversion と呼ぶ．一般に transition の方が transversion よりも起こりやすい，つまり突然変異率が高いことが多く，塩基配列進化のモデルを作るときにこのことを考慮する必要がある．

次に点突然変異がどのような率で起こるかについて説明しよう．1世代あたりのゲノム全体での突然変異率（mutation rate）を推定すると（Drake et al. [3] 参照），大腸菌（*Escherichia coli*）で 0.0025，酵母（*Saccharomyces cerevisiae*）で 0.0027 と，単細胞生物ではほぼ一定で，だいたい 0.2-0.3％程度になっている．一方多細胞生物での推定値は1代あたり，線虫（*Caenorhabiditis elegans*）が 0.036，ショウジョウバエ（*Drosphila melanogaster*）が 0.140，マウス（*Mus musculus*）が 0.900，ヒトでは 1.600 で，世代の長いものほど高くなる傾向にある．塩基の変化が起きると生物は様々な修復機構（repair system）を働かせて，変化を修復することを2章で述べた．この機構により，

1細胞分裂あたりの点突然変異率は，1塩基座位あたり $10^{-10} \sim 10^{-11}$ 程度になっている．世代の長い生物では1代あたりの細胞分裂数も多くなるので，世代あたりの突然変異率が上昇すると考えられる．ただしゲノム全体の突然変異率はゲノムサイズにもよるし，1代あたりの分裂数のみで決まるものではない．実際，突然変異率を支配している遺伝子座が複数あり，これらの遺伝子座での突然変異率を変化させる対立遺伝子も知られている．このため，後に述べるような自然淘汰によって，その生物ごとに最適な突然変異率を持つような進化が起こっている可能性もある．

さて突然変異はこれまでの適応的進化によって最適もしくはそれに近い状態にある塩基配列を変化させるので，一般的には有害な効果を持つと考えられる．これを確かめるために，大腸菌，ショウジョウバエや線虫等を使って突然変異を蓄積した系統を作り，突然変異を蓄積していない元の集団と生存力（受精卵が死亡せずに生殖可能な成体になる確率）を比較する実験が行われた．予想通り突然変異を蓄積した系統は元の集団に較べて平均生存力が低く，またひとつの突然変異の有害効果は小さい（5％以下）ことがわかった．小さな有害効果を持つ突然変異がかなり高い頻度で起こっていると言える．

点突然変異とは言えないが，少数塩基の挿入・欠失による突然変異もしばしば起こる．特に良く知られているのが，CACACA… などの短い重複配列（Short Tandem Repeat 略して STR，またはマイクロサテライトと呼ばれる）において，DNA 複製時の両鎖の滑りによって起こるレプリケーションスリッページ（replication slippage）である．これによりリピート数が増減する．ゲノム中には STR が多数あるが，レプリケーションスリッページの率が高いので（世代あたり 10^{-3} となる場合も有る），これらの遺伝子座では多型の程度が高くなっていることがしばしば観察される．STR は多型性が高いので，マーカー遺伝子座としてよく用いられる．

5.1.2 遺伝子重複

点突然変異などの少数の塩基の変化は新しい対立遺伝子を産み出すことは出来るが，新しい遺伝子（座）を生み出すことは出来ない．実際に点突然変異のような小さな変化だけではなく，進化の過程では遺伝子や遺伝子を含む

より大きな配列の重複が起こったことが知られている．遺伝子の重複が起こると，もともと遺伝子が持っていた機能をひとつのコピーに保ったまま，余分のコピーに突然変異を蓄積して新機能を持たせることが可能になる．実際このようにして様々な機能を持つ遺伝子を進化させ，ヒトのような複雑な生物が出来て来たと考えられる．しかし重複した後にコピーは不要となるので，フレームシフト突然変異（3の倍数以外の塩基の挿入または欠失により，翻訳の読み枠がずれる突然変異）等が起きて機能を持つタンパクが作れなくなり，偽遺伝子（pseudogene）となる場合も多い．

遺伝子重複の結果が最もわかりやすい形で見えるのが，**多重遺伝子族**（**multigene family**）と呼ばれるよく似た塩基配列からなる遺伝子群である．例えばヒトの第16染色体に7個のαヘモグロビン遺伝子によく似た配列が並んで有り（tandem duplication），第11染色体上には6個のβヘモグロビン遺伝子に似た配列が並んでいる．これらは最近2～3億年間に起こった遺伝子重複によって出来た多重遺伝子族である．実はαヘモグロビンとβヘモグロビン両遺伝子の間にも配列の相同性が有り，両遺伝子は約5億年前の遺伝子重複によって出来たと推測されている．αヘモグロビンとβヘモグロビンはそれぞれ2個ずつが集まって4量体となり酸素を運ぶ役割を果たすが，ヘモグロビン遺伝子族のそれぞれのメンバー遺伝子は，アミノ酸の変化により少しずつ違った機能を持つようになっている．例えばβグロビンによく似たγグロビン遺伝子は生まれる前によく発現され，胎児中でβグロビンに代ってαヘモグロビンと4量体を作る．

これ以外にもゲノム中には数多くの多重遺伝子族がある．例として5～30遺伝子からなるアクチン遺伝子族，数個の遺伝子からなり色覚を可能にするオプシン遺伝子族，哺乳類で1000個以上見つかる嗅覚遺伝子族，100以上のコピーからなる植物耐病性遺伝子族などがあり，これらのおかげで例えば我々は，赤，青，緑の色や非常に多くの種類の臭いを認識することができる．また大量に発現するために，ヒストン遺伝子族のように機能を変えずコピー数だけ増加させた遺伝子族も有る．表5.1は，全ゲノム配列が決まった酵母，ショウジョウバエ，線虫での多重遺伝子族のメンバー数（サイズ）の分布を示している．

表 5.1 多重遺伝子族のサイズの分布. Gu et al [4] より作成.

多重遺伝子族のサイズ	多重遺伝子族の数		
	酵母	ショウジョウバエ	線虫
2	415	404	665
3	56	113	188
4	23	46	93
5	9	21	71
6-10	19	52	104
> 10	8	38	98

多重遺伝子族に属する遺伝子のようによく似た遺伝子配列が並んでいると，図5.2にあるように同じ遺伝子座どうしではなく，よく似た別の遺伝子座の遺伝子どうしが対合し交叉を起こすことがある．これを**不等交叉**（unequal crossingover）と呼ぶ．これによって多重遺伝子族の遺伝子コピー数が増減する．実際よく似た遺伝子が並んだ遺伝子族を異なる種で較べると，メンバー遺伝子数が変化していることがよく観察される．これ以外にも，多重遺伝子族のメンバー遺伝子族間では前章で述べた遺伝子変換も起こる．これにより異なる遺伝子座の遺伝子配列が似てきて，**協調進化**（concerted evolution）が起こることもある．

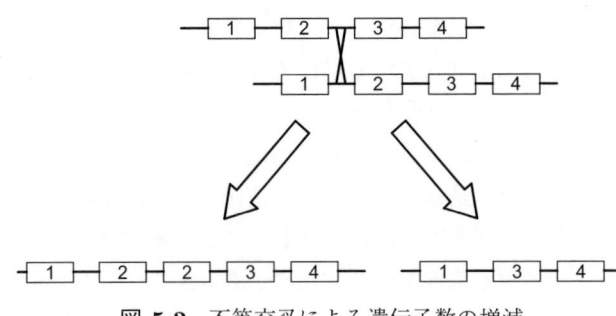

図 5.2 不等交叉による遺伝子数の増減

5.1.3 染色体の変化

これまで述べてきたものより大きな領域の DNA 変化で，光学顕微鏡で染色体を観察することによりわかる染色体の変化には，次のようなものが有る．

1. 逆位（inversion）
2. 転座（translocation）
3. 染色体倍化（polyploidization）

図 5.3 に有るように，逆位は染色体の 2 カ所で切断が起こり，切り取られてできた断片が逆向きにつながったものである．転座は切り取られた断片が，別の染色体の中に入り込むことによって起こる．逆位を持つ染色体と持たない

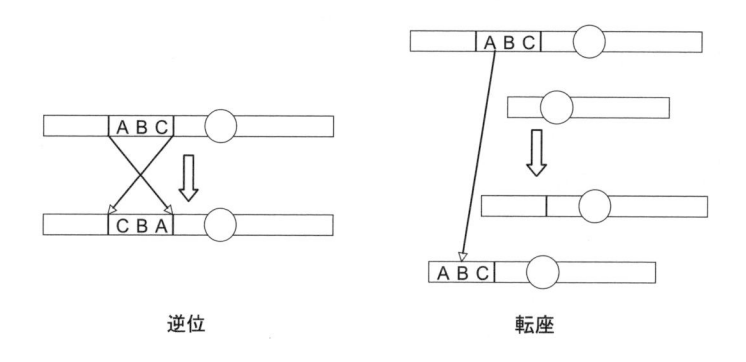

逆位　　　　　　　　　転座

図 **5.3** 染色体の構造変化

染色体のヘテロ接合体では，逆位領域内で交叉が実質的に抑制される．このため逆位部分に対立遺伝子の特定の組み合わせが蓄積される可能性がある．ショウジョウバエでは逆位の多型が広く見られるが，異なる遺伝子座の特定の対立遺伝子の組み合わせに対して淘汰が働いている可能性が指摘されている．転座や逆位はショウジョウバエに限らず多くの生物種で見られ，例えばヒトとチンパンジーが進化する間にも起こったことが知られている．

もっと大きな染色体の変化が染色体倍化である．一部の染色体のみ数が増えることもあるし，全体が倍化することもある．2倍体（diploid）で染色体倍化が起こると4倍体（tetraploid）となるが，4倍体になると全部の遺伝子が倍になるので，遺伝子のバランスは崩れないようである．4倍体の配偶子は2nで2倍体の配偶子はnなので，両者の配偶子が接合すると3倍体（triploid）の子供が生まれるが，この個体は減数分裂でうまく染色体の分離を行うことが出来ず，不妊となることが多い．このため倍数化が起きると，元の種と交配できない，つまり新しい種が形成される．このような現象は植物でよく見られ，例えば日本産の野生菊では様々な倍数体種が存在し，10倍体の種も見られる．しかしこのような現象は植物に限られたことではなく，脊椎動物の進化の中でも倍数化が起こったことを示す証拠がある．

5.2 生物集団内の遺伝的変異

以上見てきたような突然変異によって，生物集団には絶えず遺伝的変異が供給される．実際に生物集団を調べてみると多量の変異が見られる．わかりやすい例はヒトのABO血液型である．この血液型を決めている遺伝子座にはA, B, Oの3対立遺伝子が有り，遺伝子型はA型はAAまたはAO，B型はBBまたはBO，AB型はAB，O型はOOである．我々の周りにいろいろな血液型の人がいるということは，この遺伝子座に多量の遺伝的変異が有ることを示している．またゲノム配列が決定されたヒトでのHapMapプロジェクト（http://www.hapmap.org/）では，ヒト集団の**1塩基多型（single nucleotide polymorphism，略してSNP，**1塩基の突然変異による変異）データが300万以上の塩基座位で集められている．このような集団内の遺伝的変異をどのように扱えば良いかについて考えてみよう．

まず注目する遺伝子座で，集団からサンプルした各個体の遺伝子型が決まったとしよう．表5.2はヒトの様々な地方集団で$CCR5$遺伝子座を調べ，遺伝子型の数をまとめたものである．この遺伝子座の完全長型＋と欠失型の$\Delta 32$の2つの対立遺伝子に着目する．なおこの遺伝子産物は免疫細胞の表面に発現しており，$\Delta 32$のホモ接合体はHIVウィルスに対する抵抗性を持つことが知られている．

5.2 生物集団内の遺伝的変異

表 5.2 $CCR5$ 遺伝子座の遺伝子型の数：Martison et al. [5] より作成.

集団	調査個体数	++	+Δ32	Δ32Δ32
アイスランド	102	75	24	3
英国	283	223	57	3
香港	50	50	0	0
ナイジェリア	111	110	1	0

（遺伝子型の観測数）

n_{XY} で XY 遺伝子型の数を表すことにすると，XY の**遺伝子型頻度**（genotype frequency）は次のように表される．

$$P_{XY} = \frac{n_{XY}}{\sum_G n_G}.$$

ここで分母の和は全ての遺伝子型について行う．例えばアイスランド集団では，表 5.2 から各遺伝子型頻度は，

$$P_{++} = \frac{75}{102} = 0.735, \quad P_{+\Delta 32} = \frac{24}{102} = 0.236, \quad P_{\Delta 32 \Delta 32} = \frac{3}{102} = 0.029,$$

となることがわかる．

次に集団の変異を表す量として，それぞれの対立遺伝子の頻度である遺伝子頻度（gene frequency），p_X，を求めてみよう．各個体は 2 個ずつ遺伝子を持つので遺伝子の総数は $2\sum_G n_G$ である．注目する対立遺伝子はホモ接合体が 2 個，ヘテロ接合体が 1 個持つので，p_X は次のように表される．

$$\begin{aligned} p_X &= \frac{2n_{XX} + n_{XY}}{2\sum_G n_G} = \frac{n_{XX}}{\sum_G n_G} + \frac{1}{2}\frac{n_{XY}}{\sum_G n_G} \\ &= P_{XX} + \frac{1}{2}P_{XY}. \quad (X \neq Y) \end{aligned} \quad (5.1)$$

つまり遺伝子頻度は，その遺伝子を持つホモ接合体頻度にヘテロ接合体頻度の半分を加えたものとなる．これを使うとアイスランド集団での Δ32 遺伝子頻度は

$$p_\Delta = 0.029 + 0.236/2 = 0.147,$$

となる．

第 5 章 遺伝的変異

演習問題 5.1 英国，ナイジェリアでの $CCR5\Delta32$ の遺伝子頻度を求めなさい．

遺伝子頻度は集団の遺伝的変異を記述する最も基本的な量である．次章で見るように遺伝子頻度と交配様式が決まると遺伝子型頻度が決まり，集団の遺伝的構成を記述できる．そこで集団遺伝学は，生物進化を遺伝子頻度の変化として解析して行く．しかし実際には遺伝子頻度の変化は非常に遅く，世代が短いウィルスや細菌などの場合を除いて頻度変化を直接観察することは難しい．このため集団遺伝学では現在の集団の遺伝子頻度やそのパターンから，それを生み出した機構の解明を目指す．例えば上に述べたヒトのアイスランド集団では $CCR5\Delta32$ 遺伝子の頻度が 0.147 となっているが，これはなぜか．なぜ変異がこのようなレベルで維持されているのだろうか．

また $CCR5$ 遺伝子座で見たように，遺伝子頻度は集団によって異なっている場合が有る．遺伝子頻度が温度や高度などの環境変数に沿って空間的に変化する場合をクライン（cline）と呼ぶ．例えばショウジョウバエのアルコール脱水素酵素（ADH）の遺伝子座 Adh には F と S 2 つの対立遺伝子が有るが，これをオーストラリアの様々な集団で調べると，S の頻度が北（低緯度地方）で高く，南に行くほど（緯度が高くなるほど）低くなるという結果が得られた（Oakeshott et al. [6]）．この Adh 遺伝子座の 2 対立遺伝子については，同じ傾向が他の大陸でも見られ（高緯度地方で S の頻度が低くなる），緯度が高くなることに伴う何らかの環境変化によって，F 遺伝子が有利になっている可能性が示唆されている．このようにクラインは遺伝的変異に働く自然淘汰を示唆している場合も有る．

上で述べたような遺伝子頻度のデータから，どのような機構が働いて観察される遺伝子頻度のパターンが得られているかを推測するためには，遺伝子頻度変化のモデルが必要である．次章で自然淘汰，突然変異，移住など様々な進化的機構が，どのように遺伝子頻度を変化させるかを考察する．

参考文献

[1] Gillespie, J. H.: *Population Genetics: a Concise Guide*, 2nd ed. Johns Hopkins, 2004.
[2] Freeman, S. and Herron, J. C. : *Evolutionary Analysis*. 4th ed, Pearson Prentice Hall, NJ, USA, 2007.
[3] Drake, J. W., Charlesworth, B., Charlesworth, D. and Crow, J. F. : Rates of Spontaneous Mutation. *Genetics*, 148, 1667-1686, 1998.
[4] Gu, Z., Cavalcanti, A., Chen, Feng-Chi., Bouman, P. and Li, Wen-Hsiung.: Extent of Gene Duplication in the Genomes of Drosophila, Nematode and Yeast. *Molecular Biology and Evoluiton*, 19, 256-262, 2002.
[5] Martinson, J. J., Chapman, N. H., Rees, D. C., Liu, Yan-Tat. and Clegg, J. B. : Global distribution of the CCR5 gene 32-basepair deletion. *Nature Genetics*, 16, 100-103, 1997.
[6] Oakeshott, J. G., Gibson, J. B., Anderson, P. R., Knibb, W. R., Anderson, D. G. and Chambers , G. K.: Alcohol dehydrogenase and glycerol-3-phosphate dehydrogenase clines in Drosophila melanogaster on different continents. *Evolution*, 36, 86-96, 1982.

第6章　遺伝子頻度の変化要因

前章で集団の遺伝的変異を記述する量として遺伝子頻度を定義し，遺伝子型頻度から遺伝子頻度を計算する方法を示した．その際に集団の遺伝的構成の変化である生物の進化は，遺伝子頻度の変化と見ることができることを述べた．そこでこの章では遺伝子頻度の変化どのようにして起こるかを解析する．そのために，あるひとつの遺伝子座 A において対立遺伝子 A と a があるとし，A 遺伝子頻度がどのように世代ごとに変化するかを考えることにする．

6.1 次世代の遺伝子型および遺伝子頻度：Hardy-Weinberg の法則

ある世代の大人の集団で遺伝子型 AA, Aa, aa の頻度が，P_{AA}, P_{Aa}, P_{aa} であったとする．このときこの集団の A と a の遺伝子頻度 p_A と p_a は，前章で示したようにそれぞれ，

$$p_A = P_{AA} + \frac{1}{2}P_{Aa}, \qquad p_a = P_{aa} + \frac{1}{2}P_{Aa}$$

となる．最も簡単な場合として，世代が不連続で，1 年草や多くの昆虫のように各世代は子供を産むとすぐに死んでしまう場合を考える．更にオスとメスで遺伝子型頻度が同じで，また両者が任意交配（random mating）すると仮定しよう．交配を行う相手の遺伝子型が集団での遺伝子型頻度に等しくなるような交配を，任意交配と定義する．

6.1.1 Hardy-Weinberg 比と遺伝子頻度

次世代を構成する接合体（子）をランダムに選んだとき，その接合体が AA である確率を求めてみよう．AA であるためには，父親，母親，双方から A 遺伝子を持つ配偶子を受け取る必要がある．父親から A 遺伝子を受け取る場

合には，父親が AA である場合（確率 P_{AA}）と Aa である場合（確率 P_{Aa}）の 2 つの場合が有る．A を受け取る確率は前者の場合 1 で後者の場合 0.5 である．このため接合体が父親から A 遺伝子を受け取る確率は

$$P_{AA} + \frac{1}{2}P_{Aa} = p_A,$$

つまり A 遺伝子頻度となる．任意交配を仮定しているので母親の遺伝子型は父親の遺伝子型と独立であり，このため母親から A 遺伝子を受け取る確率も p_A となる．これらを総合すると，接合体が AA となる確率は

$$p_A \times p_A = p_A^2$$

となる．同様に接合体が aa となる確率は p_a^2 となる．

次にランダムに選んだ接合体がヘテロ接合体 Aa である確率を求めよう．ヘテロ接合体であるためには，父親から A，母親から a を受け取る（確率 $p_A p_a$）か，父親から a，母親から A を受け取る（確率 $p_a p_A$）必要がある．このためヘテロ接合体が生まれる確率は

$$p_A p_a + p_a p_A = 2 p_A p_a$$

となる．

これらをまとめると，任意交配が行われると次世代の接合体の頻度は

$$AA : p_A^2 \qquad Aa : 2p_A p_a \qquad aa : p_a^2$$

となる．接合体が大人になるまで生き残る確率（生存力）に関して遺伝子型間の違いがないとすると，次世代の大人集団の遺伝子型頻度の比はこれと同じになる．そこで次世代の遺伝子型頻度を ′ をつけて表すことにすると，

$$P'_{AA} = p_A^2 \qquad P'_{Aa} = 2 p_A p_a \qquad P'_a = p_a^2$$

を得る．これを発見者の名前にちなんで **Hardy-Weinberg** の比（**Hardy-Weinberg ratio**）と呼ぶ．

次に次世代の遺伝子頻度を計算しよう．同じように次世代の遺伝子頻度を ′

6.1 次世代の遺伝子型および遺伝子頻度：Hardy-Weinberg の法則

をつけて表すことにすると，

$$p'_A = P'_{AA} + \frac{1}{2}P'_{Aa} = P_A^2 + p_A p_a = p_A$$

となり，遺伝子頻度が変化しない，つまり進化は起こらないことがわかる．

さて，上の結論（Hardy-Weinberg の法則と呼ばれる）を得る際にはっきりと述べなかったものも含めて様々な仮定を行ったが，それを下にまとめてみよう．

1. 任意交配が行われている．

2. 自然淘汰が働いていない（遺伝子型によって生存力や配偶子を次世代に残す確率が変わらない）．

3. 突然変異がない（配偶子が出来るときに変化が起こらない）．

4. 他の集団からの移住がない（配偶子の持つ遺伝子の頻度は，その集団の前の世代の遺伝子頻度に等しい）．

5. オスとメスでの遺伝子の頻度は同じである．

6. 集団のサイズは無限大なので，特定の接合体が得られる確率と次世代集団におけるその頻度は等しい．

これらの仮定が成立していると遺伝子頻度は変化せず，進化は起こらないということになる．逆に言うと上の仮定のどれかが成り立たないと，遺伝子頻度が変化したり，遺伝子型頻度が Hardy-Weinberg 比からずれることになる．前者の場合，集団の遺伝的構成が変化するので，進化が起こる．これらの仮定が成り立たない場合を順次考えて行くことにするが，その前に集団を調べたとき，Hardy-Weiberg 比からのずれをどのように見つけるかについて説明しよう．

演習問題 6.1 常染色体上の遺伝子座で A 遺伝子の♂での頻度が p_m，♀での頻度が p_f であった時，次世代の遺伝子型頻度を求めなさい．

演習問題 6.2 常染色体上の遺伝子に支配されていることがわかっている形質

を調べたところ，集団中での劣性個体の頻度が Q であったとする．任意交配を仮定して，劣性遺伝子の頻度を推定しなさい．

6.1.2 Hardy-Weinberg 比の検定

集団から n 個体のサンプルを得て遺伝子型 AA, Aa, aa の数を調べたところ，表6.1 ような結果を得たとしよう．

表 **6.1** 各遺伝子型の数と頻度

遺伝子型	AA	Aa	aa	総計
観察数	n_{AA}	n_{Aa}	n_{aa}	n
観察頻度	$\hat{P}_{AA}$	$\hat{P}_{Aa}$	$\hat{P}_{aa}$	1
期待数	$\hat{p}_A^2 n$	$2\hat{p}_A\hat{p}_a n$	$\hat{p}_a^2 n$	n

ここで，$\hat{P}_{AA} = n_{AA}/n$ 等である．A の推定頻度は

$$\hat{p}_A = \hat{P}_{AA} + \frac{1}{2}\hat{P}_{Aa}$$

なので，この集団が Hardy-Weinberg 平衡にあるとする（帰無仮説）と，AA, Aa, aa の期待頻度は表の4行目に示した値となる．そこで χ^2 を次のように定義する．

$$\chi^2 = \sum_{\text{遺伝子型}} \frac{(\text{観察数} - \text{期待数})^2}{\text{期待数}},$$

ここで和は全ての遺伝子型について取るものとする．この量は近似的に自由度1の χ^2 分布をするので，このことを利用して帰無仮説：集団が Hardy-Weinberg 平衡にある，を検定することができる．

この応用例を MN 血液型のデータを使って説明しよう．MN 血液型遺伝子座には M, N の2つの共優性対立遺伝子が有り，MM, MN, NN 個体を区別することができる．表6.2 は New York の黒人集団で，500人について遺伝子型を調べた結果を示している．

遺伝子頻度はそれぞれ

$$\hat{p}_M = 0.238 + 0.242 = 0.480, \quad \hat{p}_N = 0.520$$

6.1 次世代の遺伝子型および遺伝子頻度：Hardy-Weinberg の法則   57

表 6.2　New York 集団での MN 血液型頻度

遺伝子型	MM	MN	NN	総計
観察数	119	242	139	500
観察頻度	0.238	0.484	0.278	1
期待数	115.2	249.6	135.2	500

と推定されるので，4 行目の期待数が計算される．これから χ^2 値は

$$\chi^2 = (119 - 115.2)2/115.2 + \ldots = 0.464$$

となるが，自由度 1 の χ^2 分布の 5％レベル棄却点は 3.86 なので，帰無仮説は 5％レベルで棄却されない．任意交配しているという仮定はかなり強い仮定のように思われるが，実際に人類のいろいろな集団のいろいろな遺伝子座でこのテストを行うと，殆どの場合有意な結果は得られない．

演習問題 6.3 次のようなデータが得られた場合について Hardy-Weinberg の平衡になっているかどうか，χ^2 検定を使ってテストしなさい（注：χ^2 検定は観察値に 5 以下の値が有る場合使うべきではないが，練習問題として解いてみること）．

遺伝子型	AA	Aa	aa
観察数	10	40	0

6.1.3　多対立遺伝子

これまで対立遺伝子の数が 2 であるとしてきたが，これを一般の場合に拡張するのは容易である．注目する遺伝子座に対立遺伝子が k 個あり，そのそれぞれを A_i $(0 \leq i \leq k)$ と表すことにしよう．2 対立遺伝子の場合と同じようにして，任意交配が起こると次世代の遺伝子型頻度は

$$P'_{A_i A_i} = p_{A_i}^2, \quad P'_{A_i A_j} = 2p_{A_i} p_{A_j} \quad (i \neq j)$$

となることを示すことができる．遺伝子頻度ももちろん変化しない．

例として ABO 血液型を考えよう．この血液型を支配する遺伝子座には A, B, O の 3 対立遺伝子が存在する．遺伝子型と血液型の対応関係は表 6.3 の通

りなので，それぞれの遺伝子頻度を p_A, p_B, p_O で表し，Hardy-Weinberg 平衡が成り立っているとすると，

$$
\begin{array}{llll}
\text{A型} & p_A^2 + 2p_A p_O & \text{B型} & p_B^2 + 2p_B p_O \\
\text{AB型} & 2p_A p_B & \text{O型} & p_O^2
\end{array}
$$

となる．

表 6.3 ABO 血液型と遺伝子型

血液型	A	B	AB	O
遺伝子型	AA, AO	BB, BO	AB	OO

演習問題 6.4 ある集団で ABO 血液型の頻度を調べたところ次のような結果を得た．A, B, O 遺伝子の頻度を推定しなさい．

A型	B型	AB型	O型
0.20	0.48	0.16	0.16

6.2 近親交配

Hardy-Weinberg の法則を導くにあたって幾つかの仮定をしたが，まずそのうちの任意交配の仮定が成り立たないとどうなるか考えてみよう．代表的な任意交配でない交配として，**近親交配**（inbreeding）と**同類交配**（assortative mating）が挙げられる．前者は兄弟やいとこなど近縁者同士の交配で，後者は例えば身長の高い者同士など表現型が似通った個体どうしの交配である．同類交配は関与する表現型を支配する遺伝子座とその近傍の遺伝子座に影響を及ぼすが，近親交配は全ての遺伝子座に影響を及ぼす．進化の問題，特に種分化（speciation）を考えるとき同類交配は重要であるが，ここでは近親交配に限ってその効果を見て行くことにしよう．

近親交配の最も簡単な例は自殖（selfing）である．自殖では，自分自身の

6.2 近親交配

卵（胚珠）を自分自身の精子（花粉）で受精（受粉）する（図6.1）．植物でよく見られ，例えばモデル植物であるシロイヌナズナやイネは殆どの場合自殖により子供を残す．

さて親が持っている同じ遺伝子座の2つの遺伝子 a, b が，自殖で生まれた子供にどのように伝わるか考えてみよう．子供は同じ親から2つの配偶子をもらうので，子供の持つ2つの遺伝子の構成は，

子の2つの遺伝子　　(a,a)　(b,b)　(a,b)
確率　　　　　　　　1/4　　1/4　　1/2

となる．つまり 1/2 の確率で，子の2つの遺伝子は親の同じ遺伝子由来となってしまう．これが近親交配の効果で，一般的な言い方をすると，「1個体中の2つの相同遺伝子が祖先の同じ遺伝子に由来する．」，ということになる．自殖の場合はここで言う祖先は親であったが，兄弟交配による子の場合は祖先にあたるのは祖父母で，祖父母のどれかの遺伝子（図6.1, a, b, c, d）を，1個体が2つ持ってしまう可能性がある．このため近親交配による子供はホモ接合になる確率が上昇する．

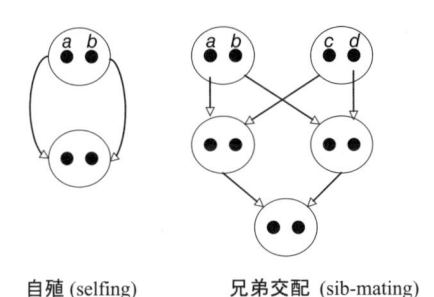

自殖 (selfing)　　　兄弟交配 (sib-mating)

図 **6.1**　近親交配の例

6.2.1　近交系数と遺伝子型頻度

上で述べたように，近親交配の効果は1個体中の2つの遺伝子が祖先の同じ遺伝子に由来することなので，近親交配の程度を特徴づける個体Aの**近交**

系数（coefficient of inbreeding），F_A，を次のように定義しよう．

$$F_A = \Pr[個体Aの2つの遺伝子が祖先の同じ遺伝子に由来する].$$

ここで Pr[ ] は [ ] 内の事象の確率を表している．例えば1代の自殖で生まれた子供Aの近交係数は，先ほどの結果を使うと

$$F_A = \Pr[2遺伝子が\,a\,由来] + \Pr[2遺伝子が\,b\,由来] = 0.5$$

となる．

近交係数をどのように計算するかについては後で述べることにして，次に集団中で近親交配が行われており，平均の近交係数が F であるとき，次世代の遺伝子型頻度がどのようになるかを考えてみよう．この場合，子世代からランダムに選んだ個体の2つの遺伝子が，祖先の同じ遺伝子に由来する確率は F となる．注目する遺伝子座には2対立遺伝子 A, a が有り，それぞれの遺伝子頻度を p_A, p_a で表すことにする．まず AA の頻度 P_{AA} を求めてみよう．ランダムに選んだ個体の2つの遺伝子は，確率 F で祖先の同じ遺伝子由来となることに注意する．この個体の父由来の遺伝子が A である確率は p_A で，2つの遺伝子が祖先の同じ遺伝子由来であるとき（確率 F），母由来の遺伝子も同じ対立遺伝 A となる．一方そうでない場合（確率 $1-F$）は，母由来の遺伝子は集団から独立に選んだ遺伝子となるので，A である確率は p_A となる．これらを総合すると

$$P'_{AA} = Fp_A + (1-F)p_A^2 = p_A^2 + Fp_A(1-p_A)$$

となる．$p_A(1-p_A) \geq 0$ なので，近親交配が有ると（$F > 0$），任意交配のときに較べてホモ接合体が増加することがわかる．次にヘテロ接合体であるが，2つの遺伝子が祖先の共通遺伝子由来ならヘテロ接合体にはなり得ないので

$$P'_{Aa} = (1-F)2p_Ap_a$$

となる．この式からヘテロ接合体が近親交配によって減少することがわかる．これらの結果をまとめると，

$$P'_{AA} = Fp_A + (1-F)p_A^2, \quad P'_{Aa} = (1-F)2p_Ap_a, \quad P'_{AA} = Fp_a + (1-F)p_a^2$$

を得る．次世代の遺伝子度は

$$p'_A = P_{AA} + \frac{1}{2}P_{Aa} = p_A(F + (1-F)) = p_A$$

となり，近親交配では遺伝子頻度は変化しない．近親交配は，遺伝子の個体内での組み合わせのみを変えるためである．

6.2.2 近交係数の計算法

家系図が与えられたとき，個体の近交係数を計算する方法について説明しよう．個体 I の近交係数 F_I を求めることにする．I の 2 つの遺伝子が祖先の同じ遺伝子から由来するためには，I を含む家系図の中のどれかの祖先から 2 つの経路を通って遺伝子が伝わってくる必要がある．この経路を一方を逆向きにたどるとループが出来るので，家系図中のループを見つけて確率を計算する．以下では，単純なループがある家系図から始めて，より複雑な場合を扱う方法を述べて行く．

（1）単純なループの場合：

簡単な場合として半兄弟婚（half-sib mating）を考えよう（図 6.2 左）．個体 I の両親は，母親（祖母）だけを共有する半兄弟である．個体 I の図中の左の遺伝子が祖母 A の a 由来である確率は $(\frac{1}{2})^2$ で，また同様に右側の遺伝子が a 由来となる確率は $(\frac{1}{2})^2$ なので，I の 2 つの遺伝子が a 由来である確率は $(\frac{1}{2})^4$ となる．これを導くために，経路が異なると遺伝子の伝わり方は独立となることを使った．同様にして I の 2 つの遺伝子が祖母 A の b 由来である確率は $(\frac{1}{2})^4$ なので，結局

$$F_I = \left(\frac{1}{2}\right)^4 + \left(\frac{1}{2}\right)^4 = \left(\frac{1}{2}\right)^3$$

となる．

半兄弟婚では I から祖母 A に至る経路にそれぞれ 1 個体が介在しており，ループ中の個体数は 4 であった．一般の場合として，祖先 A と I との間

半兄弟婚　　　　一般の場合

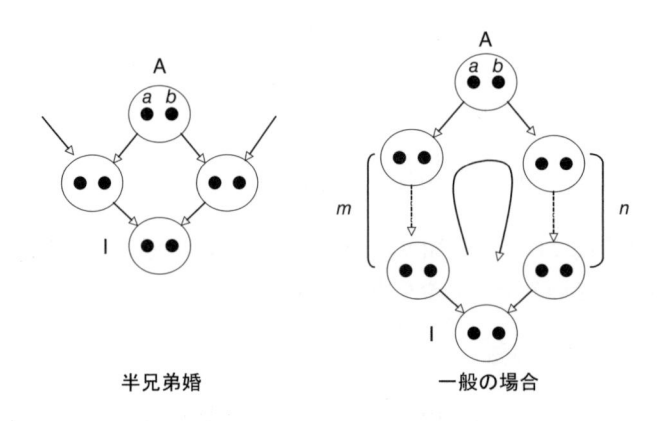

図 **6.2**　単純なループが有る場合

に介在する個体数がそれぞれ m, n である場合について考えよう（図 6.2 右）．半兄弟婚の場合と同じように考えると，I の右側および左側の遺伝子が祖先 A の a 由来である確率はそれぞれ $(\frac{1}{2})^{m+1}$ と $(\frac{1}{2})^{n+1}$ となる．両方が b 由来である確率も同じなので，

$$F_I = 2 \times \left(\frac{1}{2}\right)^{m+n+2} = \left(\frac{1}{2}\right)^{m+n+1}$$

が得られる．$m+n+2$ がループの個体数なので，系図内のひとつのループによる近交係数は，1/2 の（ループ内個体数－1）乗となる．

（2）祖先が近親交配の結果生まれた個体であるとき

上の計算で I の 2 つの遺伝子が由来する遺伝子を持つ可能性のある祖先（A）は，近親交配の結果生まれたのではないと仮定した．つまり家系図の中で，祖先個体の上にはループがないと仮定していた．次に祖先（A）自身が近親交配により生まれており，その近交係数が F_A である場合について考えてみる．簡単のために半兄弟婚の場合を考えてみよう（図 6.2 左）．この時 I の 2 遺伝子は，どちらも祖先 A の a 由来であるか b 由来であるかの場合に加えて，片方が a，もう一方が b 由来であっても（その確率は先と同じように計算して $(\frac{1}{2})^4$），確率 F_A で祖先の共通遺伝子由来となる．そのため

$$F_I = \left(\frac{1}{2}\right)^3 (1 + F_A)$$

が得られる．同様にして一般の場合は次のように書くことができる．

$$F_I = \left(\frac{1}{2}\right)^{m+n+1} (1 + F_A).$$

(3) 独立なループが複数ある場合

最後に家系図の中に個体 I を含む独立なループが k 個あり，対応する祖先が k 人（$A_1, A_2, \ldots, A_k$）いる場合について考えよう（図 6.3 左）．A_i の近交係数を F_{Ai} で表すことにする．この時 I の 2 つの遺伝子が共通の祖先遺伝子由来となる事象はそれぞれのループ間で排反かつ独立なので，近交係数をそれぞれの事象の確率の和として求めることができる．

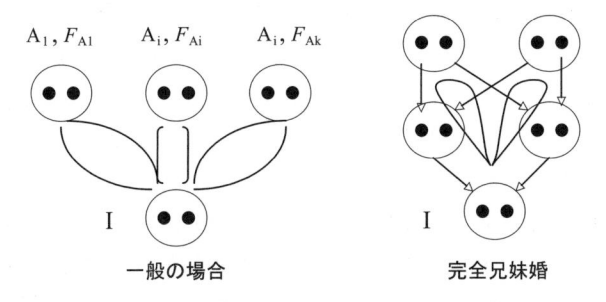

図 6.3 複数の独立なループがある場合

$$F_I = \sum_{i=1}^{k} \left(\frac{1}{2}\right)^{l_i - 1} (1 + F_{Ai}) \tag{6.1}$$

ここで l_i は i 番目のループの総個体数を表す．

例として完全兄妹婚（full-sib mating）で生まれた子（I）の近交係数を求めよう（図 6.3 右）．簡単のため祖父母の近交係数はゼロであるとする．図に有るように I を含むループは 2 つあり，それぞれに含まれる個体数は 4 なので，

$$F_I = 2 \times \left(\frac{1}{2}\right)^3 = \frac{1}{4}$$

となる．原理的には式 6.1 を使うと，どのような場合も家系図がわかれば近交係数が計算できる．

演習問題 6.5 いとこ婚で生まれた子の近交係数を求めなさい．ただし曾祖父母の近交係数はゼロとする．

6.2.3 近交弱勢

一般に集団で近親交配が有ると，集団の平均適応度や収量などの量的形質（quantitative trait）値が減少する．例えばヒトにおいて，新生児の死亡率を両親に近縁関係がない場合といとこ婚の場合で調べると，殆どの場合いとこ婚で生まれた新生児の死亡率の方が高い．また作物や家畜の収量に関しても殆ど普遍的にこの現象が観察される．このように近親交配によって量的な形質の集団平均値が減少することを，**近交弱勢（inbreeding depression）**と呼ぶ．上で見たように近親交配が有るとホモ接合体の割合が集団中で増加するが，これによって近交弱勢を説明し定量化することができるので，それについて説明しよう．

ここでは例として最良の遺伝子型の形質値が 1 の場合について述べるが，他の場合も同様に扱うことができる．ひとつの遺伝子座に 2 対立遺伝子 A, a があり，それぞれの頻度を p, q で表す．また各遺伝子型の形質値を，次のように表すことにする．

遺伝子型	AA	Aa	aa
形質値	1	$1-hs$	$1-s$

平均近交係数が F の集団の平均形質値を W_F で表すことにすると，前出の式より

$$\begin{aligned} W_F &= [(1-F)p^2 + Fp] + [(1-F)2pq](1-hs) + [(1-F)q^2 + Fq](1-s) \\ &= (1-F)[p^2 + (1-hs)2pq + (1-s)q^2] + F[p + (1-s)q] \end{aligned}$$

となる．ここで最後の式の右辺の最初のカギ括弧の中は任意交配集団の平均形質値（W_0）で，2番目のカギ括弧の中は近親交配が進みホモ接合体ばかりになった（$F=1$）集団の平均形質値（W_1）なので，

$$W_F = (1-F)W_0 + FW_1$$

となり，W_F は F に比例して変化して行くことがわかる．近親交配による平均形質値の低下（近交弱勢の程度）は，

$$\delta_F = W_F - W_0 = F(W_0 - W_1)$$

と表されるので，$W_0 - W_1 > 0$ ならば平均形質値の低下，つまり近交弱勢が起こることがわかる．上のモデルを仮定すると，近交弱勢が起こる条件は $s(1-2h) > 0$ であり（問題5），ヘテロ接合体（Aa）の値が，高い値をとる方のホモ接合体（AA）に近い値を取る，つまり A が（部分）優性のとき，近交弱勢が起こることがわかる．

演習問題 6.6 上のモデルでが近交弱勢起こる条件が，$s(1-2h) > 0$ で有ることを示しなさい．

6.3 自然淘汰

6.1節で述べたように幾つかの仮定を行うと，次世代の遺伝子型頻度は遺伝子頻度を使って Hardy-Weiberg 比として表すことが出来，しかも遺伝子頻度の変化は起こらない．6.2節で1番目の仮定（任意交配）が成り立たない近親交配がある場合について考察し，遺伝子型頻度は Hardy-Weinberg 比とならないが，遺伝子頻度は変化しないことを見た．この節では2番目の仮定，自然淘汰が働かない，が成り立たない場合について考察する．

自然淘汰は次世代に残す子供の数が遺伝子型により異なる場合に働く．そこで1個体が次世代に残す子供の数を適応度（fitness）とし，各遺伝子型の適応度が異なる場合，どのように遺伝子頻度が変化するのかを調べることにする．次世代に残す子供の数に影響を与える要因として，次のようなものが挙げられる（fitness components）．

生存力（viability）: 受精によって出来た接合体が，生き残って生殖能力を持つ成体になる確率．
産卵力（fertility）: 1個体が一生の間に生む卵の数．
交配能力（mating ability）: 交配相手を見つけて交配する能力．
発達速度（developmental time）: 生まれたばかりの接合体が生殖能力を持つ成体になるまでの時間．
寿命（longevity）: 生殖期間の長さ．

後の2つはこの章で考えているような1世代ごとに完全に世代交代が起こるような生物には当てはまらないが，我々ヒトや多年草のように世代がオーバーラップする生物では，適応度の重要な要素となりうる．またここに挙げたもの以外にも適応度に影響する要因は色々ある．遺伝子頻度の変化を考えるとき，これらの全ての要因を考慮して定式化することが望ましいが，モデルが非常に複雑になってしまう．そこでここでは最も簡単な生存力のみが遺伝子型によって異なる場合を考察する．

6.3.1 自然淘汰が有るときの遺伝子頻度変化の一般式

最初にある遺伝子座に2対立遺伝子 A, a があり，それぞれの頻度が 0.5 と 0.5 で，各遺伝子型が次のような生存力を持つ場合を考えよう．この場合 a 遺伝子は劣性致死遺伝子である．

遺伝子型	AA	Aa	aa
生存力	1	1	0
接合体頻度	0.25	0.50	0.25

任意交配を仮定すると，上に示すように接合体の遺伝子型頻度は Hardy-Weinberg 比となる．さて AA, Aa の生存力はどちらも1なので成体での比も同じだが，aa は全て死んでしまう．そのため子供達が成体になったときの遺伝子型の比は，

$$AA : Aa : aa = 0.25 : 0.5 : 0.0,$$

となる．これから，

$$p_{AA} = \frac{0.25}{0.25 + 0.5} = \frac{1}{3}, \quad P_{Aa} = \frac{0.5}{0.25 + 0.5} = \frac{2}{3}, \quad P_{aa} = 0$$

となるので，子世代成体での A 遺伝子頻度は，

$$p' = P_{AA} + \frac{1}{2}P_{Aa} = \frac{2}{3}$$

となる．遺伝子頻度 p は一代で 0.5 から 2/3 に増加した．A 遺伝子を持つ個体は a 遺伝子持つ個体に較べてより多くの子孫を残すので，A 遺伝子は有利（advantageous）となり，遺伝子頻度を増加させた．進化が適応的（adaptive）に起こったと言える．

演習問題 6.7　更に次の世代の遺伝子頻度を求めなさい．

さてこの問題を一般的に考えてみよう．対立遺伝子 A, a の頻度をそれぞれ $p, q = 1 - p$ で表すことにする．それぞれの遺伝子型の生存力を表 6.4 に示してある．なお表中で $\bar{W}$ は集団の平均生存力で，

$$\bar{W} = W_{AA}p^2 + W_{Aa}2pq + W_{aa}q^2$$

である．

表 6.4　各遺伝子型の生存力と頻度変化

遺伝子型	AA	Aa	aa	和
生存力	W_{AA}	W_{Aa}	W_{aa}	
接合体での頻度	p^2	$2pq$	q^2	1
成体での頻度の比	$W_{AA}p^2$	$W_{Aa}2pq$	$W_{aa}q^2$	$\bar{W}$
成体での頻度	$W_{AA}p^2/\bar{W}$	$W_{Aa}2pq/\bar{W}$	$W_{aa}q^2/\bar{W}$	1

この表から次世代の遺伝子頻度は

$$p' = \frac{W_{AA}p^2 + W_{Aa}pq}{\bar{W}} = \frac{p(pW_{AA} + qW_{Aa})}{\bar{W}}$$

となることがわかる．これから遺伝子頻度の変化 $\Delta p = p'_A - p_A$ は，

$$\Delta p = \frac{W_{AA}p^2 + W_{Aa}pq}{\bar{W}} - p$$
$$= \frac{pq[(W_{AA} - W_{Aa})p + (W_{Aa} - W_{aa})q]}{\bar{W}} \qquad (6.2)$$

と表すことができる．ここで生存力 W が一次式の形で分母と分子の全ての項に有ることを注意してほしい．このため全ての遺伝子型の生存力を定数倍しても，遺伝子頻度の変化は同じになる．つまり各遺伝子型の生存力の相対比である相対適応度（relative fitness）が決まると，遺伝子頻度の変化を知ることができる．

式（6.2）は 1 遺伝子座に 2 対立遺伝子が有ったとき，自然淘汰による遺伝子頻度変化を表す一般式である．次にこの式を使っていろいろな場合に遺伝子頻度がどのように変化して行くかを見て行こう．

6.3.2　定方向性淘汰

この節では A 遺伝子をより多く持つ個体ほど有利な場合について考える．この場合，直感的に A 遺伝子の頻度が集団中で増加して行くことがわかるが，この様子を定量化するために最適な遺伝子型の生存力を 1 として，各遺伝子型の生存力を次のように相対適応度で表すことにする．

遺伝子型	AA	Aa	aa
相対適応度	1	$1 - hs$	$1 - s$

ここで h は優性の度合い（degree of dominance），s は淘汰係数（selection coefficient）と呼ばれる．$h = 1, 1/2, 0$ の時，それぞれ A は優性，半優性，劣性である．

式（6.2）に相対適応度を代入し整理すると，

$$\Delta p = \frac{sp(1-p)[hp + (1-h)q]}{1 - 2pqhs - q^2 s} \qquad (6.3)$$

を得る．ここで $s \ll 1$ で，一代あたりの遺伝子頻度の変化が少ない場合を考えると，$\bar{W} \approx 1$ なので，

$$\Delta p \approx sp(1-p)[hp + (1-h)q]$$

となる．時刻 t における A 遺伝子頻度を p_t で表し，頻度を t の関数として求めよう．一代あたりの頻度変化が小さいので，この式は微分方程式で近似することができ，

$$\frac{dp_t}{dt} \approx sp_t(1-p_t)[hp_t + (1-h)q_t]$$

が得られる．この式は変数分離型なので，初期条件を与えると解を得ることができる．

例えば有利な遺伝子が劣性の場合（$h=1$），微分方程式は

$$\frac{dp_t}{dt} = sp_t(1-p_t)^2,$$

となり，初期頻度を p_0 として解くと次の解を得る．

$$\ln\left(\frac{p_t}{1-p_t}\right) + \frac{1}{1-p_t} - \left[\ln\left(\frac{p_0}{1-p_0}\right) + \frac{1}{1-p_0}\right] = st.$$

演習問題 6.8 $s=0.01$ の劣性遺伝子の頻度が 0.1 から 0.9 に変わるまでに約 1330 世代かかる．$s=0.001$ の時は何世代必要か．

この問題や式（6.3.2）からわかるように，淘汰係数 s は遺伝子頻度変化のスピードを決める．一方優性の度合い h は頻度変化のあり方を決定する．そのことを示したのが図 6.4 である．この図では淘汰係数 s を持つ有利な対立遺伝子 A の頻度変化を，優性（dom.），半優性（semi dom.），劣性（rec.）の場合について示している．

有利な遺伝子が優性（$h=0$）のとき，遺伝子頻度は最初急速に増加するがその後増加速度は鈍り，1 への収束はきわめて遅くなる．これは A の頻度が高くなると，殆どの個体が適応度の差がない AA と Aa となり，自然淘汰が働きにくくなるためである．これに対し半優性（$h=1/2$）の場合頻度の増加はどの時点でも急速で，遺伝子頻度は 1 に急速に近づく．興味深いのは劣性（$h=1$）の場合で，頻度が低いときの遺伝子頻度変化は非常にゆっくりである．A 遺伝子頻度が低いときは，集団中には殆ど適応度に違いがない aa と Aa 個体しかいないので，淘汰が働きにくい．しかし遺伝子頻度がある程度以上になると集団中に適応度の高い AA 個体が現れるので，急速に遺伝子頻度の増加が起こり，頻度は 1 に近づいて行く．殺虫剤を撒いたときに抵抗性の

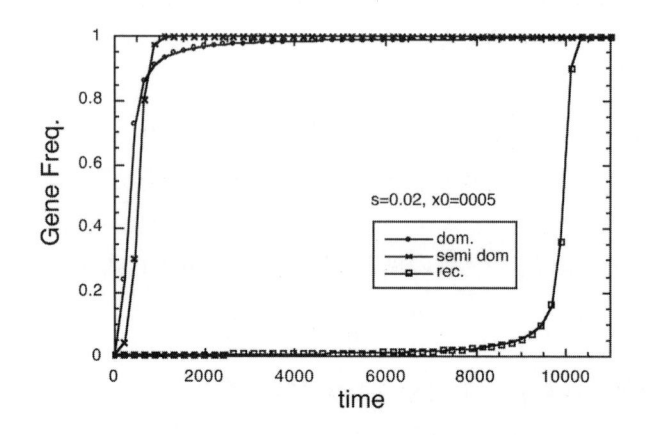

図 6.4 優性の度合いを変えたときの遺伝子頻度の変化

個体が出現して殺虫剤抵抗性が進化するが，調べてみると優性遺伝子によるものであることが多い．これは図 6.4 で見たように，優性抵抗性遺伝子の頻度増加が早い段階から見られることによると考えられる．

定方向性淘汰の古典的な例は，1800 年代にイギリスで見られたガの工業暗化（industrial melanism）である．工業が盛んになって工場から出てきた煤煙などにより樹木や地面などが黒化したため，様々なガの色が 50 年足らずの間に白っぽい色から黒色に変化した．これは鳥からの捕食を逃れる上で，背景と似た色を表現する対立遺伝子が有利となり，その頻度を増やしたためと考えられている．遺伝子頻度の変化は通常遅く，実際にこの変化が観察されることは少ないが，薬剤を使ったときによく見られる抵抗性の進化などは，知られた定方向性淘汰の例である．

6.3.3 平衡淘汰

前節で，ヘテロ接合体の適応度が両ホモ接合体の適応度の間の値を取り，一方の対立遺伝子が他方に対していつでも有利な場合に，この遺伝子が集団中に広がり頻度が 1 に近づくことをみた．この時もう一方の対立遺伝子は集団から失われてしまう．しかしヘテロ接合体の適応度が両ホモ接合体の適応度

より高い場合などでは，どちらの対立遺伝子も集団中に存在する多型（polymorphism）状態が続く場合が有る．このように多型状態を保つ働きのある自然淘汰を，**平衡淘汰**（**balancing selection**）と呼ぶ．平衡淘汰モデルには幾つか有るが，その中の主なものを順次説明しよう．

1. 超優性

ヘテロ接合体の適応度が両ホモ接合体の適応度より高い場合を超優性（overdominance）と呼ぶ．この場合適応度を次のように書くと計算が容易になる．

遺伝子型　　AA　　Aa　　aa
適応度　　$1-s$　　1　　$1-t$

ここで $s, t > 0$ とする．これを式 (6.2) に代入すると，

$$\Delta p = \frac{pq(t - (s+t)p)}{1 - sp^2 - tq^2}$$

が得られる．この式の右辺の形から，$p = 0, 1$ を除くと，Δp に関して p の値によって次の三つの場合が有ることがわかる．

$$0 < p < \frac{t}{s+t} \Rightarrow \Delta p > 0$$

$$p = \frac{t}{s+t} \Rightarrow \Delta p = 0$$

$$\frac{t}{s+t} < p < 1 \Rightarrow \Delta p < 0$$

つまり $p^* = t/(s+t)$ と置いたとき，A 遺伝子頻度は p^* より小さいときは増加し，p^* より大きくなると減少することがわかる．これは A 遺伝子頻度が低いときは A は殆どヘテロ接合体として存在するので有利となるが，頻度が高くなるとホモ接合体中に有ることが多くなり不利となることによる．結局 $0 < p < 1$ のどこから出発しても p は p^* に収束し，集団は 2 つの対立遺伝子が共存する多型状態（$p = p^*$）に落ち着く．なおこの場合の $p = 0, 1, p^*$ のように，そこに到達すると変化が起こらなくなるような値を**平衡点**（**equilibrium point**）と呼び，その近傍から出発したとき収束するような平衡点を安定平衡点，逆にそこから離れて行くよ

うな平衡点を不安定平衡点と呼ぶ．この例では $p=0,1$ は不安定平衡点，$p=p^*$ は安定平衡点である．

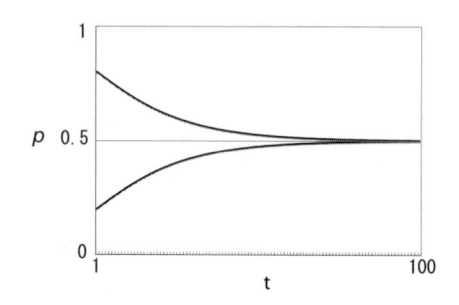

図 6.5 超優性での遺伝子頻度変化　$s=t=0.1, p_0=0.2$ or, 0.8.

例として図 6.5 に，$s=t=0.1$ で平衡頻度が 0.5 となる場合についての，遺伝子頻度 p の変化を示している．平衡頻度より低いところから出発しても高いところから出発しても，平衡頻度に収束することが見て取れる．超優性の良く知られた例は，鎌形赤血球貧血症（sickl cell anemia）を引き起こす β ヘモグロビン遺伝子座の対立遺伝子 S と通常の対立遺伝子 A によるものである．SS 個体は貧血症のため次世代に子供を残さない（$W_{SS}=0$）が，マラリアの流行地帯ではヘテロ接合体がマラリア耐性を持つためにヘテロ接合体の適応度が高くなり，平衡多型が見られる．これ以外に超優性によって平衡多型が維持されていることを示した例はあまり知られていない．

演習問題 6.9　ホモ接合で鎌型赤血球貧血性を引き起こす S 遺伝子の頻度が，ある集団で $1/6$ であった．SS 個体の適応度はゼロであり，超優性によって多型が保たれているとして，その他の遺伝子型の適応度を求めなさい．

ここで平衡淘汰ではないが，超優性とは逆，つまりヘテロ接合体がどちらのホモ接合体よりも適応度が低くなる場合（underdominance と呼ば

れている）について述べておこう．上で述べた超優性のモデルで $s, t < 0$ の場合がこれにあたるので，遺伝子頻度変化の式 6.3.3 をそのまま使うことができる．この式から超優性の場合と同じように考えると，$s, t < 0$ なので Δp の符号が逆転し，遺伝子頻度が p^* より小さい値から出発すると 0 に収束し，p^* より大きい値から出発すると 1 に収束することがわかる．この場合 $p = 0, 1$ が安定平衡点で，$p = p^*$ が不安定平衡点となる．初期頻度が p^* より大きいかどうかで，最終的な集団の遺伝的構成が大きく異なることに注意してほしい．逆位や転座などの染色体の構造変化を対立遺伝子としてみたときヘテロ接合体の適応度が低くなり，このような淘汰が働く場合があると考えられている．

頻度依存性淘汰

これまで適応度は遺伝子頻度が変わっても変化しないと仮定してきたが，この仮定を緩めて適応度が頻度に依存するとすると（頻度依存性淘汰，frequency dependent selection），平衡多型となる場合が有る．ここでは定性的にこのようなモデルを説明しよう．今までと同じように 2 対立遺伝子 A, a があり，A の頻度が高いときは AA 個体の適応度は aa 個体の適応度に較べ低く，A の頻度が低いときは逆に AA 個体の方が適応度が高いとする（少数者有利，minority advantage）．簡単のためヘテロ接合体の適応度は両ホモ接合体の適応度の真ん中の値を取るとする．そうすると A の頻度は低いときは増加し，逆に高いときは減少する．このモデルでは，ちょうど AA と aa の適応度が等しくなる頻度が安定平衡点となる．

このような例として，Hori [1] によって報告されたタンガニーカ湖の淡水魚シクリッドで見られた例を紹介しよう．この湖に住む他の魚の鱗を食べるシクリッドの集団に，口が右向きに曲がったものと左向きに曲がったものがほぼ 50％の割合で存在しており，口が右向きか左向きかはひとつの遺伝子座によって支配されていることが示された．この例の場合，口が右向きの魚が増えると鱗を食べられる方の魚は左側に対して警戒するために（右向きの魚は左から鱗を狙うので）口が左向きの魚が有利となり，右向きの魚が減ると逆に右向きの魚が有利となる少数者有利が実

現される．このような頻度依存性淘汰が実際に自然界で起こっている可能性は他にもあるように思われる．例えば2種類の資源があって，それぞれを利用できるような対立遺伝子が集団中に存在し，一方の対立遺伝子のホモ接合体が増加すると資源が不足してそのホモ接合体が不利となるような場合である．少数者有利となるような頻度依存性淘汰は集団の多型を説明するひとつの魅力的な仮説と言える．

多様化淘汰

最後に適応度が場所または時間によって変化する場合について説明する．簡単な例として，2つの環境A，Bと2つの遺伝子型X，Yがある場合を考える．例えば2種の植物を利用する昆虫に2タイプいて，タイプによって植物の利用効率が異なるような場合を想像してほしい．環境Aでは遺伝子型Xの適応度が高く，環境Bでは遺伝子型Yの適応度が高いとしよう．そうすると環境Aでは遺伝子型X，環境Bでは遺伝子型Yの頻度が増加し，全体として両方の遺伝子型が多型的に保たれるだろう．もちろんこの2つの環境間をこれらの個体がどのような率で移動するかなどについて，多型が保たれるための条件は存在する．このように異なった環境で異なった遺伝子型が有利になるような淘汰を，多様化淘汰（diversifying selection）と呼ぶ．環境によって適応度が変わることは生物学的には十分ありうることなので，多様化淘汰は頻度依存性淘汰と並んで平衡淘汰の代表的なもののひとつと考えられている．

6.4　突然変異

6.4.1　突然変異の進化的効果

次に突然変異（mutation）の遺伝子頻度変化への効果を考えよう．簡単のために2対立遺伝子A, aがあり，Aの頻度はp，1世代でのAからaへの突然変異率がuであると仮定する．ここでaからAの突然変異は無視する．突然変異を起こさなかったAだけが次世代にAとなるので，突然変異後のA遺伝子頻度p'は

$$p' = (1-u)p$$

となる．この式より，遺伝子頻度の変化は突然変異率より小さいことがわかる．一般に1遺伝子座あたりの突然変異率は低い（$u \leq 10^{-5}$）ので，突然変異が遺伝子頻度を変化させる効果は小さい．

このように突然変異が遺伝子頻度を変化させる力は非常に弱いが，突然変異は変異（対立遺伝子）を生み出す源泉なので進化的には非常に重要である．このことを示す例として Elena et al [2] の実験について述べよう．この実験では，まず大腸菌（$E.\ coli$）を1個体から増殖し，その中から複数の系統を作った．大腸菌は半数体であり，しかも1個体から始まっているので，最初の時点では全ての系統が全ての遺伝子座で同じ遺伝子を持っている，つまりクローンである．さてこれらの系統をある種の培地で10000世代にわたって培養し，各系統の増殖率と細胞の大きさを測定した．その結果，全ての系統でどちらの形質も時間とともに増大すること，つまりこれらの形質での進化が起こっていることがわかった．もともと系統内・系統間とも遺伝的変異はなかったので，この進化は実験中に起こった突然変異によるものと考えられる．このように，突然変異は進化の原材料である変異を集団に供給するので，進化において重要な役割を果たしていると言える．

6.4.2 突然変異と淘汰の平衡

突然変異は集団に変異を供給し，定方向性淘汰は集団中から変異を除いて行くので，この2つの力が同時に働いたときに釣り合いが出来る．この平衡状態について考えてみよう．

まずヘテロ接合体には影響を及ぼさない劣性有害遺伝子について考察する．先ほどと同じように2対立遺伝子 A, a があってそれぞれの頻度が p, q で，A から a の突然変異率は u であるとする．各遺伝子型の適応度を次のように与える．

遺伝子型	AA	Aa	aa
適応度	1	1	$1-s$

前節で導いた自然淘汰が働いている時の式（6.2）と，上で得た突然変異がある時の式を組み合わせると，次世代の遺伝子頻度 p' は次のように求められる．

$$p' = (1-u)\frac{(p^2+pq)}{1-sq^2} = (1-u)\frac{p}{1-sq^2}.$$

平衡状態では $p'=p=\hat{p}$ となるので，平衡状態の a 頻度，$\hat{q}$，について解くと，

$$\hat{q} = \sqrt{\frac{u}{s}}$$

が得られる．つまり有害遺伝子の平衡頻度は，突然変異率と淘汰の強さの比の平方根となる．

演習問題 6.10 $u=0.00001$，$s=0.1$ の時の劣性有害遺伝子の平衡頻度を求めなさい．

次に，ヘテロ接合体の適応度も下げてしまうような有害遺伝子を考えよう．各遺伝子型の適応度が次のようであったとする．

遺伝子型	AA	Aa	aa
適応度	1	$1-hs$	$1-s$

計算を簡単にするために $0 < s \ll 1$ と仮定する．a は有害なので $q \ll 1$ となる．このことと式 (6.3) を使うと，自然淘汰による 1 代あたりの a 遺伝子頻度の変化，$\Delta_s q$，は，

$$\Delta_s q = -\Delta_s p \approx -hspq \approx -hsq$$

と表される．一方突然変異による a 遺伝子頻度の変化，$\Delta_m q$，は，

$$\Delta_m q = up \approx u$$

となる．平衡状態では $\Delta q = \Delta_s q + \Delta_m q = 0$ となるので，

$$q \approx \frac{u}{hs}$$

を得る．劣性有害遺伝子では平衡頻度は突然変異率と淘汰の強さの比の平方根であったが，ヘテロ接合体に有害効果が現れると平衡頻度はこの比に比例する．このためヘテロ接合体に有害効果を持つ（$h>0$）遺伝子の頻度は，劣

性の場合（$h = 0$）に較べてずっと低くなる．

演習問題 6.11　　$u = 0.00001$，$s = 0.1$，$h = 0.1$ の時の有害遺伝子の平衡頻度を求めなさい．

ヒト集団で見られる多くの遺伝病に関与する遺伝子の頻度は突然変異と淘汰の平衡状態にあると考えられ，実際にその頻度は一般に低い．そのような例として，白人でかなり高頻度で見られる嚢胞性線維症（cystic fibrosis，略して CS と記述する）について説明しよう．この病気は常染色体劣性遺伝（原因対立遺伝子を c 遺伝子と呼ぶことにする）を示し，少なくとも医学の発達する最近までは，c ホモ接合体は成熟年齢に達する前に肺の障害で死亡していた（$s = 1$）．しかしながらこの c 遺伝子の白人における頻度は 2％（$q = 0.02$）と比較的高い．さて c 遺伝子が完全に劣性（$h = 0$）だと仮定しよう．突然変異と淘汰の平衡状態にあるとして，上の劣性有害遺伝子の式を使って突然変異率を推定すると $u = sq^2 = 0.02^2 \times 1 = 4 \times 10^{-4}$ と言う推定値が得られる．一方この遺伝子座での突然変異率を直接推定すると，$u = 6.7 \times 10^{-7}$ と大きく異なる推定値がえられた．つまり劣性致死遺伝子としては集団中での頻度が高すぎることがわかった．Pier et al. [3] はこのことからヘテロ接合体が正常遺伝子（＋＋）のホモ接合体より適応度が高い，つまり超優性淘汰が働いているのではないかと考えた．

問題はなぜ c 遺伝子のヘテロ接合体が有利になるかと言うことだが，彼らは c 遺伝子が腸チフス菌に対する抵抗性をもたらすのではないかと考え，各遺伝子型を持つ培養細胞に菌を感染させて，各細胞内に感染した菌数を調べた．その結果，c ホモ接合体では極端に菌数が少なかったが，ヘテロ接合体でも＋＋ホモ接合体に較べると感染した菌数がが約 1/7 となっており，ヘテロ接合体が＋＋ホモ接合体に対してより高い抵抗性を持つことが示唆された．この例のように，モデルによる遺伝子頻度の予測と実際の頻度を比較することによって，生物学的に意味のある推論が出来る場合がよくあると考えられる．

演習問題 6.12　　c 遺伝子の場合とは逆に，推定された遺伝子頻度が劣性有害遺伝子のモデルでの予測より低かった時，何が推測されるか．

6.5 移住

6.5.1 遺伝子頻度への移住の効果

次に**移住**（**migration**）の遺伝子頻度への効果について考えよう．簡単のために大陸集団（C）と島集団（I）があり，その間に移住があるとする．注目する遺伝子座に A, a の 2 つの対立遺伝子があり，大陸集団，島集団での A 遺伝子頻度をそれぞれ p_C, p_I とする．また大陸集団から島集団への**移住率**（**migration rate**）を m で表すことにする．ここで移住率は，次世代の島集団の遺伝子の中で前世代の大陸集団遺伝子に由来するものの割合と定義する．大陸は島に較べて大きいので，島から大陸集団への移住は無視できると仮定しよう．このように定義すると，次世代の島集団の A 遺伝子頻度 p'_I は，

$$p'_I = (1-m)p_I + mp_C \tag{6.4}$$

となる．これから移住による遺伝子頻度の変化は，

$$\Delta p_m = p'_I - p_I = m(p_C - p_I)$$

となり，島集団と大陸集団の遺伝子頻度の差が m の率で縮まっていくことがわかる．

演習問題 6.13 島で初期頻度が $p_I(0) = 0$ であったとし，式 6.4 を使って t 世代後の島での遺伝子頻度を求めなさい．ただし大陸での頻度 p_C は変わらないとする．

6.5.2 移住と淘汰の平衡

移住は 2 集団の遺伝子頻度が等しくなるように働くが，同時に多様化淘汰によって 2 集団で異なる対立遺伝子が有利となっているとき，どのようなことが起こるだろうか．このような場合を示す例として，King and Lawson [4] が調べたアメリカのエリー湖で見られるヘビの体の模様に関する多型について紹介しよう．エリー湖の沿岸ではヘビは体に縞模様を持っているが，エリー湖の中の島では縞模様を失い白い色になったヘビが見られる．これは島では

石灰岩で出来た場所が多く，このような場所では縞模様を持った蛇は目立ってしまい，鳥の餌食になるからと考えられている．しかしどの島でも全てのヘビが白くなっているわけではないので，陸側からの移住があると考えられた．色を白くする遺伝子座は複数有るがそのなかに主要な効果を持つものがひとつあり，その遺伝子座では体を白くする対立遺伝子が劣性であった．そこで白の対立遺伝子を A_2，縞模様の対立遺伝子を A_1 で表すことにして，A_2 の遺伝子頻度 q について調べることにする．各遺伝子型の表現型と適応度は次のようになる．

遺伝子型	A_1A_1	A_1A_2	A_2A_2
表現型	縞	縞	白
適応度	W_{11}	W_{11}	W_{22}

陸側からの移住率を m で表すことにすると，式6.2, 式6.4から，

$$q' = (1-m)\left(\frac{q(W_{11}(1-q) + W_{22}q)}{W_{11}(1-q^2) + W_{22}q^2}\right)$$

となる．この式に実験的に推定された $m = 0.024$, $W_{11} = 0.90$, $W_{22} = 1.0$ を代入して q の平衡頻度について解くと，$q = 0.637$ という値が得られ，実際に観測される遺伝子頻度 0.73 に近い値となった．この平衡点は安定であることも示されたので，淘汰ー移住の平衡によって島での体の模様に関する多型が維持されていることが示唆された．一般に環境が一様ではないので，このような状況は自然界の様々な生物で起こっていると考えられる．

6.5.3 集団の分化と固定指数

前節では集団が複数の分集団（subpopulation, deme）に分かれており，分集団間で遺伝子頻度が異なる場合について考えた．集団がこのように構造を持つとき，その構造の程度，つまり遺伝的分化（genetic differentiation）の程度を定量化する Wright の**固定化指数**（**fixation index**），F_{ST} について説明しよう．

表 6.5 に，ヒト 3 集団での MN 血液型の遺伝子頻度を示してある．これを見るとニューギニアでは N 遺伝子の頻度が，ブリティッシュコロンビアのイ

ンディアンでは逆に M 遺伝子頻度が，それぞれ高く，この遺伝子座では集団間でかなり大きな遺伝的分化があることがわかる．

表 **6.5** ヒト 3 集団における MN 血液型遺伝子の頻度：Mourant et al. [5] より作成

集団	p_M	p_N
New Guinea	0.059	0.941
New York White	0.553	0.447
British Colombian Indian	0.857	0.143

これを定量化するために，2 つの分集団について考えることにし，まず次の 2 つの確率を定義しよう（図 6.6 参照）．

$H_S = \Pr[\text{同じ分集団から取った 2 つの遺伝子が異なっている}]$

$H_T = \Pr[\text{異なる分集団から取った 2 つの遺伝子が異なっている}]$

ここで H_S は 2 つの分集団での確率の平均値で定義する．

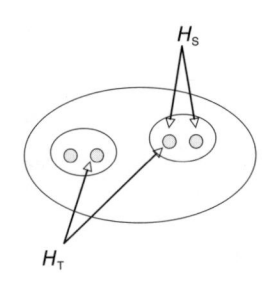

図 **6.6** 同じ集団または異なる集団から 2 つ遺伝子を取ったとき異なっている確率

H_S は分集団内で任意交配が行われているときの分集団の期待ヘテロ接合頻度（expected heterozygosity）で，分集団内の変異量を表す指標である．一方 H_T は異なる集団間での変異量を表している．分集団間で分化が有るということは，同じ集団から取った 2 つの遺伝子の方が異なる集団から取った遺伝子よりも似ている，つまり $H_S < H_T$ となっている状態と考えることがで

きる．そこで 2 つの確率の差 $H_T - H_S$ が集団の分化の強さを表すとみなし，この量を全体の変異量 H_T で標準化することによって，分化の程度を表すことにする．この定義に従うと，分化の程度を表す指標である固定指数 F_{ST} は次のように表される．

$$F_{ST} = \frac{H_T - H_S}{H_T}. \tag{6.5}$$

2 つの集団で異なる対立遺伝子が固定しているとき，つまり完全な分化が有るときは $H_T = 1$, $H_S = 0$ なので，$F_{ST} = (1-0)/1 = 1$ となる．一方 2 つの集団の遺伝子頻度が同じとき，つまり全く遺伝的分化がない時は $H_T = H_S$ なので，$F_{ST} = 0/1 = 0$ となる．その間の状態のときは，F_{ST} は 0 と 1 の間の値を取る．

例として先ほどの MN 遺伝子の頻度（表 6.5）を使って，New Guiena と British Columbian Indian の間の F_{ST} を求めてみよう．ここで H_S は $2p_M p_N$ の平均値なので

$$H_S = \frac{2 \times 0.059 \times 0.941 + 2 \times 0.857 \times 0.143}{2} = 0.17807$$

となる．一方それぞれの集団から異なる対立遺伝子を取る確率 H_T は，

$$H_T = 0.059 \times 0.143 + 0.857 \times 0.941 = 0.814874$$

となるので，

$$F_{ST} = \frac{0.814874 - 0.17807}{0.814874} = 0.781475$$

と推定される．この推定値は非常に高い値で，一般に他の遺伝子座ではヒト集団間の分化の程度はこれほど高くない．例えばヒト 3 人種間で F_{ST} を推定すると，だいたい 0.1 程度の値となる（例えば The International HapMap Consortium [6] 参照）．

演習問題 6.14 表 6.5 を使って，New Guinea と New York White の間の F_{ST} を推定しなさい．

最後に F_{ST} と，6.2 で説明した近交係数 F との関係について述べておこう．F_{ST} は図 6.6 にあるように，2 遺伝子を同じ分集団からと異なる分集団から

取ったときの確率を使って定義された．ここで，同じ集団を 1 個体，異なる集団を異なる個体と見て，次のように 2 つの確率を定義しよう．

$$H_I = \Pr[\text{同じ個体から取った 2 つの遺伝子が異なっている}]$$
$$H_S = \Pr[\text{異なる個体から取った 2 つの遺伝子が異なっている}]$$

2 対立遺伝子 A, a があって，その頻度をそれぞれ p, q とする．また集団の平均近交係数を F とすると，6.2 で述べたことから $H_I = (1-F)2pq$, $H_S = 2pq$ となるので，

$$\frac{H_S - H_I}{H_S} = \frac{2pq(1-(1-F))}{2pq} = F$$

となり，近交係数が個体を分集団，集団を全体集団と見なしたときの F_{ST} に対応していることがわかる．つまり全集団を階層的にみて，全集団と分集団の関係を表しているのが F_{ST} で，分集団と個体の関係を表しているのが F ということになる．このように階層的に見たときに，近交係数を F_{IS} と書く．このような遺伝子の関係に関する階層的な扱いは Wright によるが，これを拡張すると，より複雑な階層性を持った集団の構造も F_{ST} 様の指数を使って表現することが可能になる．

6.6 遺伝的浮動

6.6.1 有限集団の Wright-Fisher モデル

これまで次世代の対立遺伝子の頻度と，次世代が作られるときその対立遺伝子が選ばれる確率とが等しいとして，様々な要因による遺伝子頻度変化について調べてきた．集団のサイズが無限大であれば，確率と割合が等しくなるのでこれで良いが，実際の生物の集団サイズは有限なのでこのことは成り立たない．つまり集団が有限サイズであることによって遺伝子頻度変化が起こりうる．このような遺伝子頻度変化を**遺伝的浮動**（**genetic drift**）と呼ぶ．例えば，息子と娘が生まれる確率はおおまかにそれぞれ 1/2 と考えられるが，2 人の子供を持つ家族を見ると息子ばかりのところもあるし，娘ばかりのところもある．子供の数が多くなればこの比はほぼ 1 : 1 になるはずだが，子供の数が有限だとこのように確率と頻度は一致しなくなる（男女比の場合，例

えば Y 染色体の割合を遺伝子頻度と考える).

集団サイズが有限であることによる遺伝子頻度の変化を考えるために,次のようなモデル(Wright-Fisher モデル)を仮定する.個体数 N の 2 倍体生物のひとつの遺伝子座を考えよう.各個体は 2 個ずつ遺伝子を持つので,集団を $2N$ 個の遺伝子集団と見なすことにする.Wright-Fisher モデルでは,前の世代の $2N$ 個の遺伝子集団から,独立に等確率で重複を許して $2N$ 個の遺伝子をサンプルして,次世代遺伝子集団を構成すると仮定する(復元抽出).この場合それぞれの遺伝子が次世代に子孫を残す確率は等しい,つまり**淘汰に対する中立性(selective neutrality)**が成り立っている.以後の議論では遺伝的浮動の効果を見るために,対立遺伝子間の中立性を仮定する.

このモデルのもとでは次世代の遺伝子構成は確率的に決まる.例えば 2 対立遺伝子 A, a があり,t 世代での A の頻度が p_t であるとする.そうすると次世代を作るときに A 遺伝子をサンプルする確率は p_t なので,次世代の A 遺伝子頻度 p_{t+1} は確率的に決まり,

$$\Pr[p_{t+1} = \frac{i}{2N} | p_t] = \binom{2N}{i} p_t^i (1-p_t)^{2N-i} \tag{6.6}$$

となる.つまり次世代の遺伝子頻度は,前の世代の遺伝子頻度と $2N$ をパラメーターとして持つ二項分布($B(2N,p)$)する確率変数を $2N$ で割ったものとなる.二項分布 $B(2N,p)$ の平均と分散は $2Np$ と $2Np(1-p)$ なので,次世代の遺伝子頻度の平均と分散は

$$\mathrm{E}[p_{t+1}|p_t] = 2Np_t \tag{6.7}$$

$$\mathrm{Var}[p_{t+1}|p_t] = \frac{p_t(1-p_t)}{2N} \tag{6.8}$$

となる.これらの式からわかるように遺伝子頻度の平均は変化しないがランダムに変動し,変動の大きさは集団サイズに反比例する.

6.6.2 遺伝的浮動による遺伝子頻度の変化

前節では遺伝的浮動により遺伝子頻度が 1 代でどのように変化するかを見た.それではこの過程を続けて行くとどうなるであろうか.コンピューター

シミュレーションを使ってこれを調べた結果をグラフにしたのが図 6.7 である．集団のサイズが $N=10$ (a) と $N=100$ (b) の2つの場合について，初期頻度 $p_0=0.5$ から始めて 100 代の遺伝子頻度の変化を調べた．実験を 10 回行った時，つまり 10 個の集団で独立に進化を起こさせた時の頻度変化が，上段に示してある．実験を 200 回繰り返し，集団の平均遺伝子頻度 $\bar{p}_t$ とヘテロ接合頻度 $H_t=2p_t(1-p_t)$ の変化を計算した結果が下段に示してある．

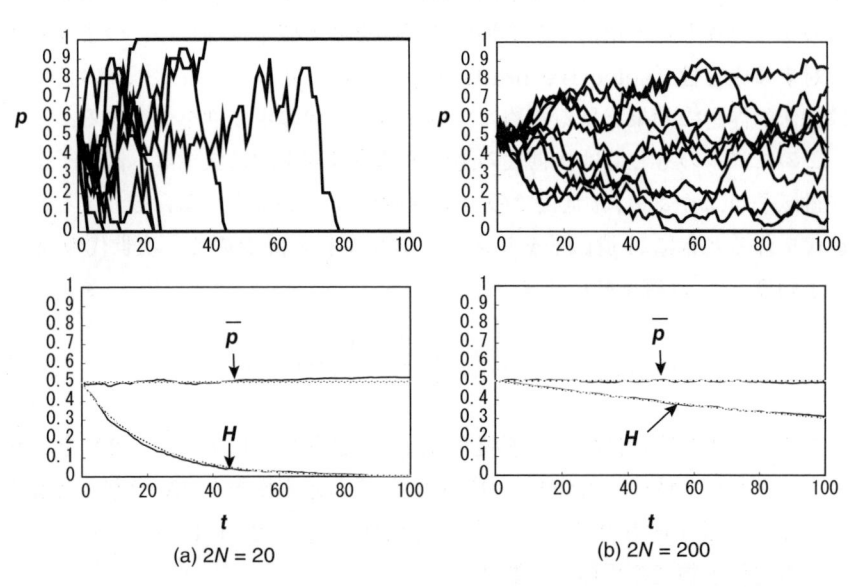

(a) $2N=20$

(b) $2N=200$

図 **6.7** 遺伝的浮動：$N=10$ (a)，100 (b) の2つの場合について示している．上段は遺伝子頻度の変化，下段は集団の平均頻度 $\bar{p}_t$ とヘテロ接合頻度 H_t の変化を表している．実線は観測値で破線はその期待値を表す．

この図から次のことがわかる．

1. 同じ遺伝子頻度（$p_0=0.5$）からスタートしても，時間が経つにつれて各集団の遺伝子頻度は異なってくる（集団の遺伝的分化）．

2. $N=10$ の場合，各集団の遺伝子頻度は究極的に 0（消失）となるか 1（固定）となっている．$N=100$ の時は 100 代までに 1 集団のみで消失

が起こっているが，実際はこの場合も長く続けると全ての集団で対立遺伝子の消失または固定が起こる．

3. 集団の平均頻度は変化しないが，集団内変異量を表すヘテロ接合頻度は時間とともに減少して行く（ヘテロ接合頻度の減少）．

4. 集団が小さいほど遺伝子頻度の変化は早い．

これらについて Wright-Fisher モデルを使って定量的に解析してみよう．

6.6.3 ヘテロ接合頻度の減少

まず有限任意交配集団におけるヘテロ接合頻度の減少について解析しよう．ヘテロ接合頻度 H_t を次のように定義する．

$$H_t = \Pr[\text{世代 } t \text{ に同じ集団から取った 2 つの遺伝子が異なっている}].$$

H_t の時間変化を知るために，$t+1$ 代でのヘテロ接合頻度 H_{t+1} が，t 世代のヘテロ接合頻度 H_t を使ってどのように表されるかを考えることにする．集団のサイズは N で，突然変異や淘汰など遺伝子頻度を変化させる他の要因は働いていないとする．$t+1$ 代にランダムにサンプルされた 2 つの遺伝子の由来の仕方には 2 通りの場合がある（図 6.8）．ひとつ目は前の世代の同じ遺伝子から来る場合でその確率は $1/(2N)$ となるが，この時 2 つの遺伝子は同じ

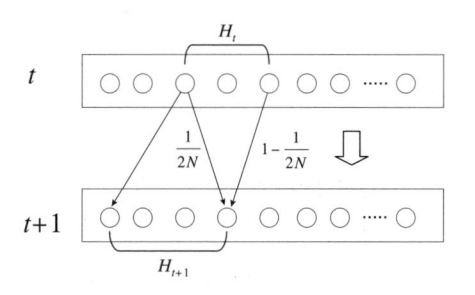

図 **6.8** ヘテロ接合頻度の変化

対立遺伝子になる．もうひとつの場合は前の世代の異なる遺伝子から由来する場合でその確率は $1 - 1/(2N)$ となるが，この時 $t+1$ 代の 2 つの遺伝子が異なっている確率は前の世代の 2 つの遺伝子が異なっている確率 H_t に等しい．総合すると

$$H_{t+1} = \left(1 - \frac{1}{2N}\right) H_t \tag{6.9}$$

が得られる．これからヘテロ接合頻度は，1 代あたり $1/(2N)$ ずつ減少して行くことがわかる．この減少は集団が小さいほど大きくなる．これが t 世代続くと，式 6.9 を t 回適用することによって

$$H_t = \left(1 - \frac{1}{2N}\right)^t H_0$$

となることがわかる．図 6.7 の下段に，$N = 10$ と $N = 100$ の集団での平均ヘテロ接合頻度の変化と一緒に破線で式 6.9 の値が示してあるが，理論的結果と観察値が良く一致していることがわかる．

演習問題 6.15 $p = 0.5$ の時のヘテロ接合頻度を求めなさい．また集団のサイズが 10 世代の間 $N = 50$ であった時，10 代後のヘテロ接合頻度を最初のヘテロ接合頻度 H_0 を使って表しなさい．但し $1 - x \approx \exp[x], (x \ll 1)$ の近似を使って計算してよい．

6.6.4 集団の遺伝的分化

次に集団の遺伝的分化について考えよう．2 対立遺伝子 A, a があり，非常に大きな祖先集団で A の頻度が p であったとし，そこから複数のサイズ N の分集団が分かれてきたと仮定する（図 6.9）．分かれた後，分集団同士は隔離されていて分集団間の移住は無いものとし，突然変異も無視することにする．前に遺伝的分化を表す指標として F_{ST} を定義したが（式 6.5），この統計量を使って遺伝的分化の時間的変化を調べてみよう．祖先集団から分かれて t 世代後に同じ分集団から取った 2 つの遺伝子が異なる確率を $H_s(t)$，異なる集団から取った 2 つの遺伝子が異なる確率を $H_t(t)$ で表すことにする．まず $H_s(t)$ だが，$H_s(0) = 2p(1-p)$ なので前節の式を使うと

6.6 遺伝的浮動

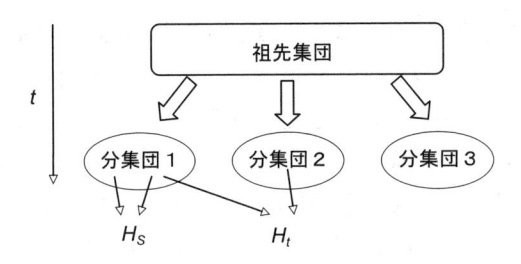

図 6.9 集団の遺伝的分化モデル

$$H_s(t) = 2p(1-p)\left(1 - \frac{1}{2N}\right)^t$$

となる．一方異なる集団から取った2つの遺伝子は，祖先集団の異なる遺伝子から由来する（祖先集団は非常に大きいと仮定しているので）ので，

$$H_t(t) = 2p(1-p),$$

となる．(式6.5) にこの2つの式の右辺を代入すると，

$$F_{ST} = \frac{2p(1-p)(1-(1-\frac{1}{2N})^t)}{2p(1-p)}$$
$$= 1 - (1 - \frac{1}{2N})^t \approx 1 - \exp[-\frac{t}{2N}]$$

が得られる．F_{ST} は $t=0$ の時は0だが，時間とともに増加して究極的には1に収束する．

演習問題 6.16 白人，黒人，黄色人種の間の F_{ST} がほぼ0.1である．それぞれの集団サイズを1万，世代時間を20年とする．3人種が祖先集団から分かれてから隔離されていたとすると，何年前に分岐したことになるか．

6.6.5 集団の有効な大きさ

Wright-Fisherモデルは遺伝的浮動を解析するために考案された非常に単純なモデルであるが，実際の生物集団の振る舞いはこのモデルに合わないことの方がむしろ普通である．例えば多くの生物は有性生殖を行っており，この

モデルのように次世代の同じ個体中の2つの遺伝子が前の世代のひとつの遺伝子に由来することは無い．また集団中のある一定の割合の個体が生殖年齢までに事故等により遺伝子の適応度に関係なく死んだりするような場合，次世代の2遺伝子は，前世代の$2N$遺伝子からの独立なサンプルとはならない．しかしこのような場合でも，集団の有効な大きさ（effective size）を適切に定義することによって，Wright-Fisherモデルのときのように遺伝的浮動を扱うことができる．この節では特にヘテロ接合頻度の減少をもとに有効な大きさを定義し，Wright-Fisherモデルとは異なった振る舞いをする生物集団を解析する方法について述べる．

このためにヘテロ接合頻度の変化の式6.9の導出を思い出してみよう（図6.8参照）．そこでは$t+1$世代の2つの遺伝子がt世代のひとつの遺伝子に由来する確率（Wright-Fisherモデルでは$1/(2N)$）を使って，H_tからH_{t+1}を計算した．この確率をPとおき，式6.9の時と同じように考えると，一般にH_tの変化を表す式は

$$H_{t+1} = (1-P)H_t$$

と書けることがわかる．Wright-Fisherモデルでは$P = 1/(2N)$だった．そこで集団の有効な大きさ，N_e，を

$$N_e = \frac{1}{2P} \tag{6.10}$$

と定義する．こうするとH_tの変化の式は

$$H_{t+1} = (1 - \frac{1}{2N_e})H_t \tag{6.11}$$

と書くことができる．実際にどのように有効な大きさを計算するかを，例を使って説明しよう．

半数の個体のみが子を残す場合： N個体からなる集団で，事故死などにより半数（$N/2$）の個体のみが次世代に子供を残す場合を考えよう．この場合次世代の2つの遺伝子が同じ遺伝子から由来する確率は，$P = 1/(2 \times N/2) = 1/N$なので，有効な大きさは

$$N_e = \frac{1}{2P} = \frac{N}{2}$$

となる.つまり繁殖に貢献した個体数となる.この例からわかるように,有効な大きさは繁殖に寄与した個体数に換算した集団の大きさである,と言える.このように極端ではなくても Wright-Fisher モデルが予測する以上に各個体の子供の数にばらつきが生じることはよくあり,一般に有効な大きさは実個体数より小さくなることが多い.

有性生殖の場合: 有性生殖をする集団があり,オスとメスの数がそれぞれ N_m と N_f であるとする.以下では $N_f, N_m \gg 1$ と仮定する.集団からランダムにとった 2 つの遺伝子が前の世代の同じ遺伝子由来であるためには,両方ともオス由来であるか(確率 $\approx (\frac{1}{2})^2$),両方ともメス由来であり(確率 $\approx (\frac{1}{2})^2$),かつそれぞれの性の中の同じ遺伝子に由来しなければならない(確率は $\frac{1}{2N_m}$ または $\frac{1}{2N_f}$).これらを総合すると,集団からランダムに取った 2 つの遺伝子が前の世代の同じ遺伝子に由来する確率は,

$$P = \left(\frac{1}{2}\right)^2 \left(\frac{1}{2N_m} + \frac{1}{2N_f}\right)$$

となるので,集団の有効な大きさは

$$N_e = \frac{1}{2P} = \frac{2}{\frac{1}{2}(N_m^{-1} + N_f^{-1})}$$

となる.つまり,オスとメスの個体数の調和平均の 2 倍となる.特別な場合として,オスとメスの数が同じとき($N_m = N_f = N/2$),集団の有効な大きさは実個体数 N と等しくなる.

個体数が時間的に変化する場合: 有効な大きさは,(6.10) では 1 代でのヘテロ接合頻度変化をもとに定義されたが,これを複数世代に拡張して,集団サイズが時間変化する場合の有効な大きさを求めてみよう.i 世代($i = 0, 2, \ldots, t-1$)の集団サイズを N_i とする.Wright-Fisher モデルで式 6.9 を導いたとき,前の世代の同じ遺伝子由来である確率は $1/(2N)$ だったが,この場合の N は前の世代の集団サイズであった(図 6.8 参照).このことから,集団サイズが変化する場合のヘテロ接合頻度変化の式は,

$$H_{i+1} = \left(1 - \frac{1}{2N_i}\right) H_i$$

となることがわかる．これを繰り返し使うと，

$$H_t = \prod_{i=0}^{t-1}\left(1 - \frac{1}{2N_i}\right) H_0 \approx \exp[-\sum_{i=0}^{t-1}\frac{1}{2N_i}]H_0$$

が得られる．そこで集団の有効な大きさを調和平均，

$$N_e = \left(\frac{1}{t}\sum_{i=0}^{t-1}\frac{1}{N_i}\right)^{-1}$$

で定義すると，t 代でのヘテロ接合頻度は

$$H(t) \approx \exp[-\frac{t}{2N_e}]H_0$$

と表される．つまりヘテロ接合頻度は，集団サイズの調和平均をサイズとして持つ Wright-Fisher モデルの集団と同じように減少することがわかる．一般に調和平均は算術平均より小さくなり，特に集団サイズが小さくなったときの個体数に強く影響される．

これらの例で見たように，Wright-Fisher モデルの仮定を満たさないような場合でも，集団の有効な大きさを使うことにより，集団の遺伝的変化を記述することができる．但し有効な大きさを使って遺伝的変化の全ての面を記述できる訳ではないことに注意すべきである．ここで説明した有効な大きさはヘテロ接合頻度の減少をもとにしたもので，これ以外にも 1 代あたりの遺伝子頻度変化の分散をもとにした有効な大きさなども定義されており，それらがお互いに一致しない場合もある．つまり注目する量によって有効な大きさが変わる場合がある．有効な大きさを使って議論を進めるとき，このことを覚えておいてほしい．

演習問題 6.17 次の 2 つの場合について集団の有効な大きさを求めなさい．

1. $N_m = 1, N_f = \infty$ の時．
2. 集団の個体数が 1 世代で 10 になったことを除いては，10 世代の間

で 1000 であったとき．

6.6.6 遺伝的浮動と突然変異の平衡

遺伝的浮動は集団中の変異を減少させるが，突然変異が変異を集団に供給するので，遺伝的浮動－突然変異の平衡状態が産み出される．この平衡状態を**無限対立遺伝子モデル**（the infinite allele model）を使って調べてみよう．無限対立遺伝子モデルでは，突然変異が起こるとこれまでに無い新しい対立遺伝子が生み出されると仮定する．突然変異率を1代あたり u，集団のサイズが N として，式6.9を導いた時と同じようにして（図6.8参照），平均ヘテロ接合頻度の変化の式を求めることにする．簡単のために $1/N, u \ll 1$ とし，この2パラメーターの2次以上の項を無視する．

$t+1$ 世代の2つの遺伝子をランダムに取った時，この2つの遺伝子は $(1-u)^2 \approx 1-2u$ の確率でどちらも突然変異を起こしていない．また2つの遺伝子が t 世代の同じ遺伝子由来でない確率は前に求めたように $(1-1/(2N))$ となるので，この場合この2つの遺伝子が異なっている確率は $(1-2u)(1-1/(2N))H_t$ となる．一方どちらかひとつの遺伝子に突然変異が起こる確率は $1-(1-u)^2 \approx 2u$ で，その時突然変異遺伝子は新しい対立遺伝子なので2つの遺伝子は確率1で異なっている．これらを総合すると，

$$H_{t+1} \approx (1-2u)(1-\frac{1}{2N})H_t + 2u$$
$$\approx (1-2u-\frac{1}{2N})H_t + 2u$$

が得られる．平衡状態では $H_{t+1} = H_t = H$ となるので，H について解くと，

$$H = \frac{4Nu}{1+4Nu} \tag{6.12}$$

を得る．平衡状態では集団のヘテロ接合頻度は $4Nu$ の単調増加関数となる．

演習問題 6.18 隔離された島で2種A，Bの生物のヘテロ接合頻度を推定したところ，0.4と0.04と言う値を得た．このことから何が言えるか？

6.6.7 遺伝子の固定確率と進化速度

集団サイズが有限で遺伝的浮動が働いていると，究極的には対立遺伝子の固定または消失が必ず起こる（図 6.7 参照）．ここでは一コピーの遺伝子が究極的に集団中に固定する確率を求めてみよう．この遺伝子は集団中の他の遺伝子と同じ適応度を持つ，つまり中立（neutral）であると仮定し，突然変異の効果は無視する．さて，集団中には $2N$ 個の遺伝子があるが，そのそれぞれが究極的に固定する確率を $P_i(i=,1,\ldots,2N)$ としよう．全ての遺伝子は同じ適応度を持つので，究極的に固定する確率も等しい，

$$P_1 = P_2 = \ldots = P_{2N}.$$

またどれかの遺伝子が必ず究極的に固定し，それらの事象はお互いに排反なので，

$$\sum_{i=1}^{2N} P_i = 1$$

となる．この 2 つの式を組み合わせると，

$$P_i = \frac{1}{2N}, \quad (i=,1,\ldots,2N) \tag{6.13}$$

を得る．つまり一コピーの遺伝子が究極的に集団中に固定する確率は $1/(2N)$ となる．

演習問題 6.19 初期頻度が p の対立遺伝子が究極的に集団中に固定する確率を求めなさい．

つぎに中立遺伝子の進化速度 k について考えよう．考えている遺伝子座での中立突然変異率を 1 世代あたり u とする．進化速度は世代あたりに固定する新しい対立遺伝子数と定義されるが，この量を求めるために遺伝子が固定した時点ではなく，固定を運命づけられた突然変異が生じた時点を考えることにする．図 6.10 よりわかる通り固定が起こる時点と，固定する運命の突然変異が起こる時点は 1 対 1 対応している．このため 1 世代あたりの固定の率と，1 世代あたりに固定する運命の突然変異が生じる率が一致する．そこで後

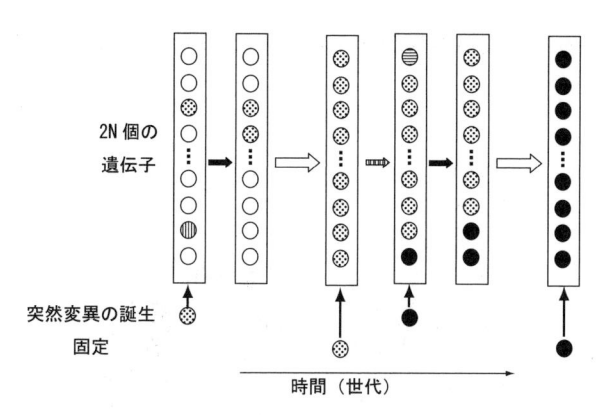

図 **6.10** 遺伝子の固定と進化速度

者の率を計算することにする．1世代あたりに生じる突然変異の総数は $2Nu$ で，そのうち固定するものの割合は $1/(2N)$ なので，結局進化速度は，

$$k = 2Nu \times \frac{1}{2N} = u \tag{6.14}$$

となる．この式から，固定が遺伝的浮動のみによって起こるとすると，進化速度は中立突然変異率 u に等しいことがわかる．

6.6.8 遺伝子系図と遺伝的浮動

これまで時間とともに遺伝子頻度がどのように変化するかについての集団遺伝学的解析を紹介してきた．一方これとは逆に，遺伝子の由来を時間をさかのぼってたどることにより，現在の遺伝的変異を解析することも可能である．このような解析は1980年代になってKingman, Tajima, Hudsonらによって始められ，**遺伝子系図学**（**gene genealogy theory**）と呼ばれている．この考え方は現在の集団内遺伝的変異の解析に非常に重要なので，この節では簡単に遺伝子系図学について説明しよう．

図6.11はWright-Fisherモデルに従って進化する8個の遺伝子からなる集団の8世代にわたる進化を示している．この図では遺伝子の親子関係を直線で表している．各世代のそれぞれの遺伝子は次世代に子孫を残すこともあるが，全く子孫を残さないこともある．この図ではパターンで対立遺伝子の種

類を表しているが，突然変異が起こらない限り親からは同じ対立遺伝子が子に伝わる．

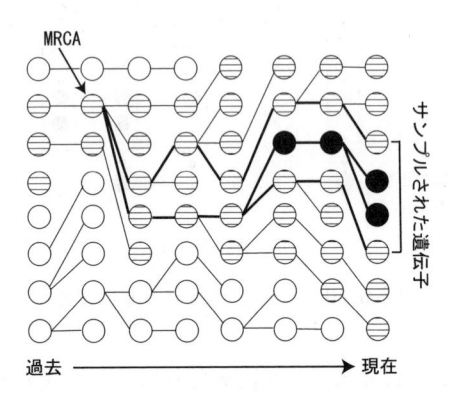

図 6.11 Wright-Fisher モデルに従う遺伝子集団の進化

さてまず時間とともにどのように遺伝子頻度が変化していくかを見ていこう．最初の世代は横縞の遺伝子が 3 個あり，その頻度は 3/8 だが，次世代では 2/8 となっている．更に次の世代では 5/8 となっている．これは各遺伝子から生まれる子遺伝子の数にばらつきがあるためで，このようにして有限集団では遺伝子頻度のランダムな変化，つまり遺伝的浮動が起こる．この図では最初の世代の横縞の遺伝子の子孫が，最後の 8 代目には集団中に広がっている．しかしその途中で起こった突然変異（黒丸）のために，最後の世代にも遺伝的変異が存在する．

次にこの図で最後の世代から遺伝子（図中括弧で囲ってってある 4 遺伝子）をサンプルして，時間をさかのぼってその祖先の状態を調べてみよう．図ではこれらの 4 遺伝子とその祖先をつなぐ線を太線で表している．この 4 遺伝子のうちの 2 個は 1 世代前に共通祖先を持つので，この 4 個の遺伝子の前世代での祖先の数は 3 個となる．このように複数の遺伝子が前の世代で共通祖先を持つことを **coalescence** と呼ぶ．更にもう 1 代さかのぼると，coalescence は起こっていないので祖先の個数は 3 個のままである．これを続けていくと祖先

6.6 遺伝的浮動

の数が1個となる世代に至る（この場合6世代前）．この祖先はサンプルされた4遺伝子の現在からさかのぼった最初の共通祖先（Most Recent Common Ancestor, MRCA）である．図6.11中で太線で示された部分が，この場合のサンプルされた4遺伝子の系図となる．

この図はWright-Fisherモデルのひとつの実現と考えることができるが，最終世代から有限個の遺伝子をサンプルした時に，図のようなひとつの系図が得られた．Wright-Fisherモデルは確率モデルなので，当然別の実現では，同じように4個の遺伝子をサンプルしても別の系図が得られる．つまり系図は確率分布をする．そこで次に系図がどのような確率分布をするかを考えてみよう．系図を形のみに着目して記述するためには，何世代前にcoalescenceによって祖先の数が幾つ減ったかをMRCAに至るまで全て書き出せばよい．例えば図6.11の4遺伝子の場合，祖先の数は，coalescenceにより1世代前に3個になり，3世代前に2個となり，最終的に8世代前に1個となる．Wright-Fisherモデルではどの遺伝子とどの遺伝子がcoalescenceを起こすかはランダムなので，coalescenceにより祖先の数が減少する世代の分布がわかれば，系図の確率分布を記述することができる．つまり系図の分布を求めるためには，祖先の個数がk個となる世代の分布を求めればよいことがわかる．以下では$1/(2N) \ll 1$と仮定して，この分布を求めてみよう．この場合1世代に複数のcoalescenceが起こる確率は無視できるので，n個の遺伝子の系図において，k個の祖先遺伝子の中のどれか2つの遺伝子がcoalescenceを起こすまでの世代数T_k $(k = n, n-1, \ldots, 2)$の分布を求めればよい．

最初に2遺伝子がcoalescenceを起こすまでの時間T_2を考えてみよう．2遺伝子が前の世代の共通祖先遺伝子に由来する確率は$1/(2N)$なので，t世代前までにcoalescenceを起こす確率は，

$$\Pr[T_2 \leq t] = 1 - \Pr[T_2 > t] = 1 - \left(1 - \frac{1}{2N}\right)^t \approx 1 - \exp\left[-\frac{t}{2N}\right]$$

となる．つまりT_2は近似的に平均が$2N$の指数分布をすることがわかる．

一般にk個の遺伝子の中で最初にどれか2つの遺伝子がcoalescenceを起こすまでの待ち時間を求めるためには，2遺伝子の場合と同じように1世代前にcoalescenceが起こらない確率を求める必要がある．この確率は，

$$\left(\frac{2N-1}{2N}\right)\left(\frac{2N-2}{2N}\right)\cdots\left(\frac{2N-(k-1)}{2N}\right) \approx 1 - \left(\frac{1+2+\cdots+(k-1)}{2N}\right)$$
$$= 1 - \left(\frac{k(k-1)}{4N}\right)$$

となるので，この確率を使うと

$$\Pr[T_k \le t] = 1 - \left(1 - \frac{k(k-1)}{4N}\right)^t \approx 1 - \exp\left[-\frac{k(k-1)t}{4N}\right] \quad (6.15)$$

を得る．つまり T_k は近似的に平均が $4N/(k(k-1))$ の指数分布をする．

ここまでの結果をまとめると，Wright-Fisher モデルで進化する集団からサンプルされた n 個の遺伝子の系図の分布は，次のように記述できることがわかる．

1. $N \gg n$ を仮定すると，系図は過去に向かって coalescence により 1 個ずつ祖先の数が減って行く過程と見なすことができる．

2. coalescence はその世代での任意に選んだ 2 つの祖先遺伝子の間で起こる．

3. 祖先遺伝子の数が k 個から $k-1$ 個に減るまでの待ち時間は，平均が $4N/(k(k-1))$ の指数分布をする．

これを使うと，例えば n 個の遺伝子の MRCA までの時間 T_{MRCA} の平均は，

$$E[T_{MRCA}] = E[T_n + T_{n-1} + \cdots + T_2] = 4N(1 - \frac{1}{n})$$

となる．

我々が実際に観測できる遺伝的変異と系図を対応づけるためには，系図に突然変異を導入する必要がある．図 6.11 では，3 代前から 2 代前への世代交代の間にひとつの遺伝子で縞模様から黒への突然変異が起こったので，サンプルされた 4 遺伝子の中に黒の遺伝子が 2 個，縞模様の遺伝子が 2 個見つかる．系図と遺伝的変異の対応を調べるために，中立突然変異が 1 代あたり u の確率（突然変異率）で起こる場合を考えよう．この時 t 世代の間に起こる突然変異の数は，近似的に平均が ut のポアソン分布に従う．この関係を使っ

てサンプルされた n 遺伝子の系図中に起こった全突然変異数の平均値を求めてみよう．考えている遺伝子が無限のサイト数を持ち，突然変異はいつも新しいサイトで起こると仮定する（無限サイトモデル）．そうすると系図中の全突然変異数は，サンプルされた遺伝子配列の中で変異を持つサイトの数（多型サイト数，S_n）と一致するので，この量は観測できる遺伝的変異に直接対応させることができる．

まず系図の中の枝の長さ（それぞれの遺伝子が coalescence を起こすまでの時間）の総和 T_{tot} の平均は，T_k の平均が $4N/(k(k-1))$ であることから次のように表されることに注意する．

$$\begin{aligned} \mathrm{E}[T_{tot}] &= \mathrm{E}[2T_2 + 3T_3 + \cdots + nT_n.] \\ &= \sum_{k=2}^{n} \frac{4Nk}{k(k-1)} \\ &= 4N \sum_{k=1}^{n-1} \frac{1}{k}. \end{aligned}$$

これと $\mathrm{E}[S_n] = u\mathrm{E}[T_{tot}]$ の関係を使うと，

$$\mathrm{E}[S_n] = 4Nu \sum_{k=1}^{n-1} \frac{1}{k}$$

が得られる．この式の特別な場合として，集団からサンプルした 2 個の遺伝子の間の異なるサイトの数の平均は，

$$\mathrm{E}[S_2] = 4Nu$$

となる．このように Wright-Fisher モデルに従って進化している遺伝子の遺伝的変異を記述する様々な統計量を，遺伝子系図学の理論を使って予測することができる．

これまで，1) 遺伝子が中立，2) 集団サイズが一定，3) 集団が任意交配，であることを仮定し，Wright-Fisher モデルに従って進化する遺伝子の系図について述べてきた．しかしこれらの仮定のどれかが成り立たないときに，系図の形は変わってくる．例えば注目している遺伝子で最近に有利な突然変異が起

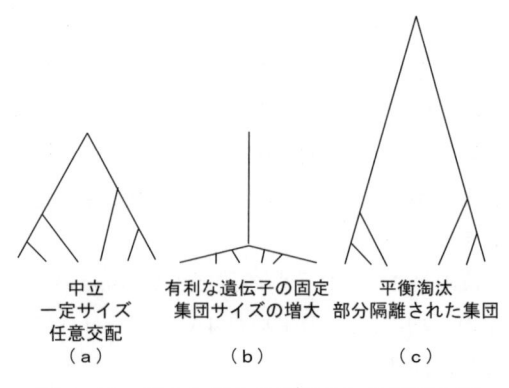

```
         /\              /\              /\
        /  \            /  \            /  \
       /\   \          /\   \          /  \  \
      /\ \   \        /\ \   \        /\   \  \
     中立           有利な遺伝子の固定     平衡淘汰
    一定サイズ      集団サイズの増大    部分隔離された集団
    任意交配
     (a)            (b)             (c)
```

図 **6.12** 様々な場合に期待される系図の形

こってその集団中への固定が起こると，その遺伝子配列中の多型は減少する．このような現象は，淘汰によってその遺伝子の中で見られた変異がほうきで掃いたように無くなることから selective sweep と呼ばれるが，この時系図はつぶれた形になる（図 6.12(b) 参照）．このような系図は有利な遺伝子が固定したときだけでなく，小集団が最近急速に増大した場合にも見られる．一方平衡淘汰で2つの対立遺伝子が長く集団中に維持されている場合，異なる対立遺伝子間での coalescence までの時間は長くなる（図 6.12(c) 参照）．このような系図は2つの部分的に隔離された集団（低い率で移住が起こる）から遺伝子をサンプルしたときにも観察される．このように遺伝子がどのような集団で，どのように進化しているか（中立または自然淘汰が働く）によって，系図の形が異なってくる．このような系図の形は遺伝子変異に反映されるので，遺伝子変異を調べることによって逆に過去に起こった自然淘汰や，集団の構造について推測することができる．

このような考えに基づいた遺伝子変異の解析（例えば Tajima's test 等，参考書 [7], [8] 参照）が様々な生物で行われている．例としてトウモロコシで見つかった selective sweep の例（Wang et al. [9]）について述べよう．トウモロコシはアメリカ大陸に原生するテオシンテ（teosinte）から，インディアンがこの1万年ほどの間に栽培化した作物だと考えられている．トウモロコシはテオシンテに較べて，明らかに人が食するのに適するように進化しており，

これには複数の遺伝子の変化が大きく寄与している．そのような遺伝子のひとつ *tb1*（穂に至る枝を短くする）という遺伝子で変異量を Wang 達が調べたところ，遺伝子の発現をコントロールしていると考えられる *tb1* 遺伝子の上流部分で，トウモロコシの変異量がテオシンテに較べて非常に低くなっていることがわかった．タンパクをコードしている部分ではこのような違いは見られなかった．この結果から，Wang et al. [9] はトウモロコシの栽培化に当たってこの遺伝子座の上流部分のある変異が選抜され，そのために上流部分で変異の減少（seletive sweep）が起こったと考えた．このような例はヒト集団も含めて最近幾つも見つかってきており，遺伝子系図学を使って過去に起こった自然淘汰や集団の構造変化の推定等が広く行われている．

参考文献

[1] Hori, M.:Frequency-dependent natural selection in the handedness of scale-eating cichlid fish. *Science*, 260, 216-219, 1993.

[2] Elena, S. F., Cooper, V. S. and Lenski, R. E.: Punctuated evolution caused by selection of rare beneficial mutations. *Science*, 272, 1802-1804, 1996.

[3] PIier, G. B., Grout, M. and Zaidi, T. S.: Cystic fibrosis transmembrane conductance regulator is an epithelial cell receptor for clearance of *P*seudomonas aeruginosa from the lung. *Proceedings of the National Academy of Sciences of the USA*, 94, 12088-12093, 1997.

[4] King, R. B. and Lawson, R.: Color-pattern variation in lake-Erie water snakes - the role of gene flow. *Evolution*, 49, 885-896, 1995.

[5] Mourant, A. E., Kopec, A. C. and Domanjewska-Sobczak, K.: The distribution of the Human Blood Groups and Other Polymorphisms. Oxford University Press, 1976.

[6] The International HapMap Consortium.: A haplotype map of the human genome. *Nature*, 437, 1299-1320, 2005.

[7] Gillespie, J. H.: Population Genetics: *A Concise Guide*. Second Edition. The John Hopkins University Press, Baltimore, USA, 2004.

[8] Hartl, D. L. and Clark , A. G.: *Principles of Population Genetics*. Fourth Edition. Sinauer, Sunderland, MA, USA, 2007.

[9] Wang, Rong-Lin., Stec, A., Hey, J., Lukens, L. and Doebley, J.: The limits of selection during maize domestication. *Nature*, 398, 236-239, 1999.

第7章 複数遺伝子座の取り扱い

　これまで1遺伝子座においてどのように進化が起こるかについて述べてきた．しかし生物のゲノムは万のオーダーの遺伝子座を持ち，それぞれが単独で進化しているわけではない．この章では複数遺伝子座の扱いのうち，最も簡単な場合である2遺伝子座での遺伝子の進化とその解析法，及び複数の遺伝子座で決定される量的形質を扱う量的遺伝学について簡単に説明する．

7.1 2遺伝子座の集団遺伝学

　2遺伝子座 A, B に，それぞれ2対立遺伝子 A, a と B, b があるとしよう．2つの遺伝子座の間の組換え率を r とする．2遺伝子座を同時に考える場合，親が子に伝える配偶子には4種類，AB, Ab, aB, ab, があるので，それぞれの頻度を $g_{AB}, g_{Ab}, g_{aB}, g_{ab}$ と表すことにする（図7.1）．それぞれの遺伝子

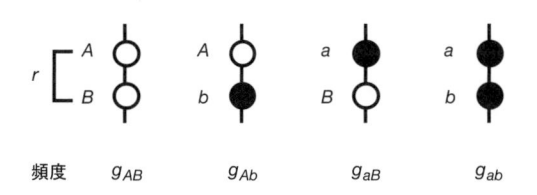

図 **7.1**　2遺伝子座での配偶子頻度

X の遺伝子頻度を p_X で表すことにすると，配偶子頻度と遺伝子頻度の間に次の関係が成り立つ．

$$p_A = g_{AB} + g_{Ab}, \qquad p_B = g_{AB} + g_{aB}. \tag{7.1}$$

7.1.1 連鎖不平衡

まず集団中で見ると，2つの遺伝子座の対立遺伝子が配偶子上でランダムに組み合わさっていると仮定しよう．このような状態を**連鎖平衡**（**linkage equilibrium**）と呼ぶ．そうすると例えば AB 配偶子の頻度は $p_A p_B$ となる．しかし実際の頻度は g_{AB} なので，**連鎖不平衡係数**（**coefficient of linkage disequilibrium**）D を次のように定義し，配偶子頻度がどれだけランダムな組み合わせからずれているかを表現することにする．

$$D = g_{AB} - p_A p_B. \tag{7.2}$$

$D = 0$，つまり連鎖平衡の状態では，A 遺伝子を持つ配偶子と a 遺伝子を持つ配偶子の中での B 遺伝子頻度は等しいが（$g_{AB}/p_A = g_{aB}/p_a = p_B$），$D \neq 0$ の場合はこれが成り立たない．

式7.2では D は AB 配偶子頻度と A, B 遺伝子頻度を使って定義されたが，次のように全ての配偶子頻度を使った形でも表わすことができる．

$$\begin{aligned} D &= g_{AB} - p_A p_B \\ &= g_{AB}(g_{AB} + g_{Ab} + g_{aB} + g_{ab}) - (g_{AB} + g_{Ab})(g_{AB} + g_{aB}) \\ &= g_{AB} g_{ab} - g_{Ab} g_{aB}. \end{aligned}$$

この導出において A と a を入れ換えると，

$$g_{aB} - p_a p_B = g_{aB} g_{Ab} - g_{ab} g_{AB} = -D$$

の関係が得られる．同様な計算を行うことによって，結局それぞれの配偶子頻度は D を使って次のように表されることがわかる．

$$\begin{aligned} g_{AB} = p_A p_B + D, &\quad g_{Ab} = p_A p_b - D \\ g_{aB} = p_a p_B - D, &\quad g_{ab} = p_a p_b + D \end{aligned} \tag{7.3}$$

演習問題 7.1 次の場合について連鎖不平衡係数を求めなさい．

	g_{AB}	p_A	p_B
(1)	0.01	0.01	0.5
(2)	0.25	0.6	0.4

演習問題 7.1 からわかるように，連鎖不平衡係数には頻度依存性がある．(1) の場合 A を持つ配偶子は全て B を持っているので非常に強い連鎖不平衡にあり，(2) の場合は A を持つ配偶子には B を持つものも b を持つものもあるので 2 つの遺伝子座の連関はそれほど強くない．しかし D の絶対値は (2) の方が大きくなり，必ずしもランダムな組み合わせからのずれを反映していないように見える．このような頻度依存性を緩和した連鎖不平衡の指標が幾つか提案されているが，ここではそのうちよく使われる 2 つの指標，D' と r^2 について説明しよう．

1. D'

    まず配偶子頻度と遺伝子頻度の関係から次の不等式が成り立つことに注意する．

    $$0 \leq g_{AB} = p_A p_B + D \leq p_A, p_B, \quad 0 \leq g_{ab} = p_a p_b + D \leq p_a, p_b.$$

    これらの不等式から，次の関係，

    $$-p_A p_B, -p_a p_b \leq D \leq p_A(1 - p_B), \quad p_B(1 - p_A),$$

    つまり，

    $$\max(-p_A p_B, -p_a p_b) \leq D \leq \min(p_A p_b. p_a p_B)$$

    が得られる．そこで

    $$D' = \begin{cases} \frac{D}{\max(-p_A p_B, -p_a p_b)}, & (D \leq 0) \\ \frac{D}{\min(p_A p_b. p_a p_B)}, & (D > 0) \end{cases} \tag{7.4}$$

    と定義すると，$0 \leq D' \leq 1$ となり，その遺伝子頻度で取りうる最大の連鎖不平衡係数との相対値で，連鎖不平衡の程度を表すことができる．

2. r^2

    各配偶子が A 遺伝子座に A を持っている時 $X = 1$，a を持っている時 $X = 0$ と表すことにする．同様に B 遺伝子座に B を持つときは $Y = 1$，b を持つときは $Y = 0$ とする．それぞれの配偶子を事象，配偶子頻度を

その確率と考えると，(X, Y) を確率変数と見ることができる．これらの確率変数の平均，分散，共分散を求めると，

$$\mathrm{E}[X] = p_A, \quad , \mathrm{Var}[X] = p_A(1 - p_A), \quad \mathrm{Cov}[X, Y] = g_{AB} - p_A p_B,$$

が得られる．最後の式から連鎖不平衡係数 D は，このように確率変数を定義したときの共分散になっていることがわかる．そこで，

$$r^2 = \frac{D^2}{p_A(1 - p_A)p_B(1 - p_B)} = \left(\frac{\mathrm{Cov}[X, Y]}{\mathrm{Var}[X]\mathrm{Var}[Y]} \right)^2 \quad (7.5)$$

と定義すると，r^2 は X, Y の相関係数の 2 乗で $0 \leq r^2 \leq 1$ となっており，連鎖不平衡の程度を規準化して表していることがわかる．

演習問題 7.2 問題 1 のそれぞれの場合について，D' と r^2 を計算しなさい．

7.1.2 連鎖平衡の検定

集団が連鎖平衡の状態にあるかどうかを検定するためには，2×2 表（表 7.1）の独立性の検定を行えば良い．

表 7.1 2 遺伝子座の配偶子頻度：n_{XY} は配偶子 XY の観察数を表す．

	B	b	和
A	n_{AB}	n_{Ab}	n_A
a	n_{aB}	n_{ab}	n_a
和	n_B	n_b	n

標本数が多いときは（それぞれの観測数が 5 以上の場合），

$$\chi^2 = \sum \frac{(\text{観測数} - \text{期待異数})^2}{\text{期待数}} = \frac{2n\hat{D}^2}{\hat{p}_A(1 - \hat{p}_A)\hat{p}_B(1 - \hat{p}_B)} \quad (7.6)$$

は，帰無仮説（連鎖平衡）のもとでは近似的に自由度 1 のカイ 2 乗分布するので，この統計量を使って検定することができる．ここで

7.1 2遺伝子座の集団遺伝学

$$\hat{p}_A = \frac{n_A}{n}, \quad \hat{p}_B = \frac{n_B}{n}, \quad \hat{D} = \frac{n_{AB}}{n} - \hat{p}_A\hat{p}_B$$

である.

標本数が少ないときはこの近似はあまり良くないので,次に説明するFisher の exact test を使って検定を行う.まず帰無仮説(連鎖平衡,つまり $g_{AB} = p_A p_B$ 等)が成り立っている時,表 7.1 の観測数は多項分布するので,次の関係が成り立っていることに注意する.

$$\Pr[n_{AB}, n_{Ab}, n_{aB}, n_{ab}] = \frac{n!(p_A p_B)^{n_{AB}}(p_A p_b)^{n_{Ab}}(p_a p_B)^{n_{aB}}(p_a p_b)^{n_{ab}}}{n_{AB}! n_{Ab}! n_{aB}! n_{ab}!}$$

$$\Pr[n_A] = \frac{n!(p_A)^{n_A}(p_a)^{n_a}}{n_A! n_a!}$$

$$\Pr[n_B] = \frac{n!(p_B)^{n_B}(p_b)^{n_b}}{n_B! n_b!}.$$

この三つの式から,n_A, n_B となる条件のもとでの各観測数の条件付き確率が未知パラメーター(p_A, p_B)が入らない形で次のように求まる.

$$\Pr[n_{AB}, n_{Ab}, n_{aB}, n_{ab} | n_A, n_B] = \frac{n! n_A! n_a! n_B! n_b!}{n_{AB}! n_{Ab}! n_{aB}! n_{ab}!}. \tag{7.7}$$

実際に検定するにあたっては,可能な全ての観測数の組（$(n_{AB}, n_{Ab}, n_{aB}, n_{ab})$）について,例えばカイ 2 乗検定のように式 7.6 を使ってカイ 2 乗値を計算して,値が大きい順に並べる.帰無仮説の元では起こりにくい事象がこの順序で並んでいると考えて,カイ 2 乗値を使って棄却域を設定する.

具体例として,表 7.2 のような観察数が得られた場合を考えよう.この例

表 7.2 2 遺伝子座の配偶子頻度の例

	B	b	和
A	9	2	11
a	2	4	6
和	11	6	17

では $n = 17, n_A = 11, n_B = 11$ となっているが,この条件を満たす観測数の

組全てを，カイ 2 乗値の大きい順に並べて表 7.3 に示してある．この表には
それぞれの観測数の組を得る条件付き確率（式 7.7），累積確率，D も示して
ある．この表から，帰無仮説のもとで観測数 $(9, 2, 2, 4)$ かまたはそれより大

表 7.3 $n = 17, n_A = 11, n_B = 11$ を満たす観測数の全ての組．実際の観測数は太字
で示してある．

AB	Ab	aB	ab	条件付き確率	累積確率	D	χ^2
11	0	0	6	0.0001	0.0001	0.2284	17.00
10	1	1	5	0.0053	0.0054	0.1696	9.37
5	6	6	0	0.0373	0.0427	-0.1246	5.06
9	**2**	**2**	**4**	**0.0667**	**0.1094**	**0.1107**	**4.00**
6	5	5	1	0.2240	0.3334	-0.0657	1.41
8	3	3	3	0.2666	0.60002	0.01519	0.88
7	4	4	2	0.4000	1.0000	-0.00069	0.02

きいカイ 2 乗値を取る観測数を得る確率は 0.1094 で，帰無仮説（連鎖平衡）
を 5 ％レベルで棄却することは出来ないことがわかる．面白いことに，この
観測数の組のカイ 2 乗値は 4.00 なので，カイ 2 乗検定を行うと 5 ％レベルで
帰無仮説が棄却される．これは観測数の中に 5 以下の数があるためで，この
ような場合ここで行ったように Fisher の exact test を使う必要がある．

7.1.3 連鎖不平衡係数の時間変化

次にそれぞれの対立遺伝子が中立でかつ任意交配が行われている無限大集
団で，連鎖不平衡の時間変化について考えよう．このためにまず次世代の AB
配偶子頻度 g'_{AB} を求める．次世代の配偶子をランダムに 1 個取った時，遺伝
子座の間で組み換えが起こっていない場合（確率 $1-r$）と，起こっている場
合（確率 r）の 2 つの場合が考えられる（図 7.2(A)）．前者の場合，次世代の
配偶子が AB であるためには前の世代も AB である必要があり，その確率は
g_{AB} である．一方後者の場合，次世代の配偶子が AB であるためには，親の
一方の配偶子の A 遺伝子座に A が，もう一方の配偶子の B 遺伝子座に B が
ある必要があり，任意交配を仮定するとその確率は $p_A p_B$ となる．これから

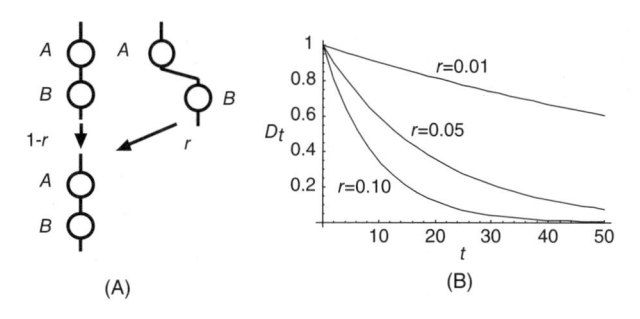

図 **7.2** 連鎖不平衡係数の時間変化

$$g'_{AB} = (1-r)g_{AB} + rp_Ap_B,$$

を得る．中立の場合に遺伝子頻度は変化しないので，

$$D' = g'_{AB} - p_Ap_B = (1-r)(g_{AB} - p_Ap_B) = (1-r)D$$

が得られる．この式を繰り返し使うと，t 世代後の連鎖不平衡係数 D_t は次の式で表すことができる．

$$D_t = (1-r)^t D_0 \tag{7.8}$$

つまり D は毎世代 r の率で減少することがわかる．D_t の変化を図 7.2 に示してある．

7.1.4 連鎖不平衡が生じる要因

前節で見たように，任意交配が行われている無限大集団で淘汰が働いていない時，連鎖不平衡係数 D は時間とともに 0 に収束する．しかし実際に生物集団を調べるとしばしば連鎖不平衡が見つかる．これは何らかの原因で集団中に連鎖不平衡が作られる状況が過去に有り，まだ $D \approx 0$ となるのに充分な時間が経っていないことによると考えられる．この節では連鎖不平衡を生じる幾つかの原因について考えてみよう．

1．有限集団，特にボトルネック効果

集団のサイズが有限だと配偶子頻度は遺伝的浮動によりランダムに変動

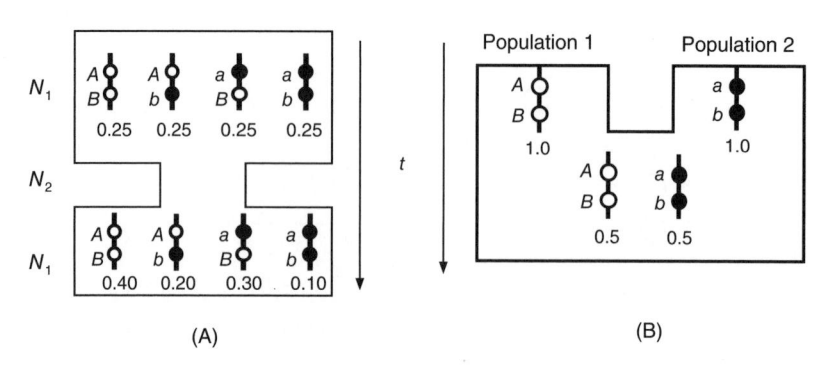

図 **7.3** 連鎖不平衡が生じる原因1：(A) ボトルネック効果　(B) 分化した集団の融合

するので，連鎖平衡状態からのずれが生じる．大きな集団は遺伝的変異を持つが，集団サイズの著しい減少が起こると遺伝的浮動の効果が大きくなり，強い連鎖不平衡が生じる可能性が高い．この後集団サイズが元に戻っても，連鎖不平衡係数 D はすぐにはゼロとはならず組換え率 r で減少していくので，連鎖の強い遺伝子間ではしばらくは連鎖不平衡が残ったままになる．

例えば配偶子頻度が全て 0.25 ($g_{AB} = g_{Ab} = g_{aB} = g_{ab} = 0.25, D = 0$) であった集団で，ボトルネック効果（集団サイズの著しい減少の後急速な拡大が起こることで，集団サイズが瓶の首のような形に変化するのでこのように呼ばれる）により $g_{AB} = 0.40, g_{Ab} = 0.20, g_{aB} = 0.30, g_{ab} = 0.10$ と変化した場合を考えてみよう（図 7.3(A)）．1 代だけでも集団サイズが 10 程度になると，この程度の頻度変化は遺伝的浮動により十分起こりうる．この場合 $D = g_{AB} - p_A p_B = 0.4 - 0.6 \times 0.7 = -0.02$ なので，

$$D' = \frac{-0.02}{-0.4 \times 0.3} = \frac{1}{6}$$

となる．

ゲノム配列が決定されたヒトでは，集団内の塩基配列解析も進んでおり，DNA レベルでの連鎖不平衡がどの程度有るかについてもよく研究されている．Reich et al. [1] によると，連鎖不平衡はアメリカ白人集団では

6万塩基程度離れた SNP（一塩基多型，塩基サイトでの塩基変化による多型）間まで見られるが，ナイジェリア人の集団ではもっと短い塩基数で連鎖不平衡の減衰が起こる．彼らは白人集団の祖先がアフリカから離れたときに集団サイズの減少が起こり，このボトルネック効果により白人集団での連鎖不平衡が増大したのではないかと示唆している．

2. **遺伝的に分化した集団の融合**

   遺伝的に分化し配偶子頻度が異なった集団同士が融合（admixture）すると，もとのそれぞれの集団は連鎖平衡でも融合した集団では連鎖不平衡が生じる．このことを極端な例で見てみよう．完全に遺伝的に分化した同じサイズの集団1（AB が固定），集団2（ab が固定）が，ある時融合したとしよう（図7.3(B)）．図にあるように，融合した集団での配偶子頻度は $g_{AB} = g_{ab} = 0.5, g_{Ab} = g_{aB} = 0$ なので，$D = 0.5 - 0.5 \times 0.5 = 025$ となり，

$$D' = \frac{0.25}{0.5 \times 0.5} = 1$$

となる．集団の融合によって非常に大きな連鎖不平衡が生じたことがわかる．

このような例は極端な例であり実際の生物集団で起こることは稀かもしれないが，一定期間隔離された集団が融合するような例は人類集団はもちろん（例えば縄文人と弥生人），その他の生物集団でも十分みられるであろう．例えば最近80万年間では，約10万年周期で氷期－間氷期が繰り返されている．現在（間氷期）の日本で普通に見られる植物も，氷期には避難地（レフュージア，refugium）に生育域を移しており，複数の避難地が有った場合はそれらは隔離されていたと考えられている．このような植物は間氷期に入ってから生育域を広げたので，融合による連鎖不平衡が生じている可能性がある．

演習問題 7.3　集団1での A, B の頻度が p_1, q_1，集団2での A, B の頻度が p_2, q_2 で，両集団は連鎖平衡であったとする．この2つの集団が融合した時の連鎖不平衡係数を求めなさい．

3. 新しい突然変異

突然変異により新しい対立遺伝子が生まれた時集団中でのコピー数は1なので，この対立遺伝子は同じ染色体上の他の遺伝子座にたまたま載っていた対立遺伝子と組み合わさる．この場合，突然変異遺伝子頻度が低いので D の絶対値は小さいが，強い連鎖不平衡（$D' \approx 1$）が形成される．他の遺伝子座（マーカー遺伝子座と呼ぶことにする）が突然変異遺伝子座に強く連鎖していると，突然変異遺伝子の頻度が増加した時連鎖遺伝子の頻度も同様に増加するので，D の値も大きくなることがある（図7.4参照）．

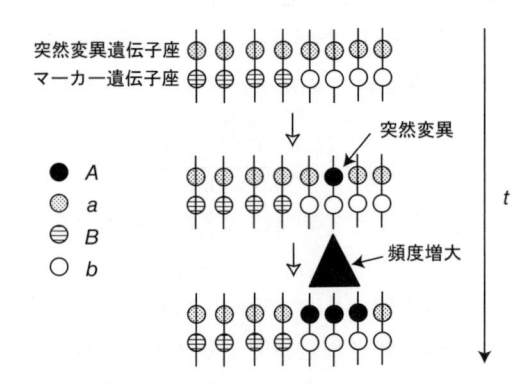

図 7.4 連鎖不平衡が生じる原因2：新しい突然変異

この図ではマーカー遺伝子座に b を持つ染色体上で突然変異 A が起こり，A の増加によって Ab 配偶子の頻度が増加する様子が示してある．A の増加は遺伝的浮動による場合も自然淘汰による場合も有りうる．例えば病気の原因遺伝子が突然変異で生じ，遺伝的浮動によって集団中で頻度を上げた場合このような状況が生まれるが，この時次節で述べるように連鎖不平衡を使って原因遺伝子のマッピングを行うことが可能である．また突然変異遺伝子が有利で集団中に急速に頻度を上げた場合も，連鎖した遺伝子座との強い連鎖不平衡が生じる．この場合は前章で述べた selective sweep が起こり，連鎖した遺伝子座での多様性が低下する．

7.1.5 連鎖不平衡を使った遺伝病原因遺伝子のマッピング

4章で家系図を使ったヒト遺伝子のマッピングについて述べた．しかしこの方法では家系図内でマーカー遺伝子と病気の原因遺伝子との間で組換えが起こらないと（例えば $r \geq 0.01$ でないと起こらない）後者の位置を決めることが出来ないので，遺伝子自体を特定することは難しい．そこで連鎖不平衡を利用したマッピングが行われている．前節の最後で述べたように，新しく生まれた突然変異は最初に1コピーなので，連鎖した遺伝子との間に強い連鎖不平衡が生じる．そこでゲノム上に適当な間隔でマーカー遺伝子座を複数設定し，病気の表現型との連鎖不平衡が有る遺伝子座を見つけ出してマッピングを行う方法が考案された．この方法も家系図を使った方法と原理的には同じで，この場合原因遺伝子の共通祖先にまで遡って家系図を見ていることになる．ただし家系図がずっと深くなることにより，家系図内での遺伝子座間の組換えの数が格段に増えるので，マッピングの精度が向上して原因遺伝子の位置をより正確に推測することができる．しかし前章で述べたように，共通祖先に至る迄の家系図にランダム性が有り，しかも集団の地理的構造等様々な要因により系図の形が変わるので，曖昧性も大きくなる．ここでは基本的な2つの方法について説明する．

1. 表現型とマーカー遺伝子座の連鎖不平衡を直接調べる方法

この方法では通常複数の病者 (D) と健常者 (H) から DNA サンプルを得て，複数のマーカー遺伝子座の対立遺伝子についてタイピングを行う．表現型（H または D）と原因遺伝子座の遺伝子型との対応は浸透率（ペネトランス）の問題も含めてはっきりしない場合が多いが，マーカー遺伝子座と原因遺伝子座に連鎖不平衡が有れば，前に述べたように各表現型中のマーカー対立遺伝子頻度が異なってくるはずである．最も単純な場合として浸透率が1の劣性遺伝病を考え，病気の原因対立遺伝子を d，その健常対立遺伝子を H，マーカー遺伝子座の2つの対立遺伝子を M_1, M_2 で表すことにする．この場合得られるデータは各カテゴリーの観測数として表7.4のよう整理できる．この表を2×3表と見てカイ2乗テスト等を使って独立性を検定することにより，マーカー遺伝子座との連鎖不

112   第7章 複数遺伝子座の取り扱い

表 7.4 遺伝病原因遺伝子座とマーカー遺伝子座で連鎖不平衡データ

表現型	原因遺伝子型	マーカー遺伝子型		
		M_aM_1	M_1M_2	M_2M_2
H	HH or Hd	n_{H11}	n_{H12}	n_{H22}
D	dd	n_{d11}	n_{d12}	n_{d22}

平衡の有無を検定することができる．但し複数のマーカー遺伝子座について検定を行うので多重比較になっており，Bonferroniの補正等何らかの補正が必要になる．マーカー遺伝子座については，ゲノム全体から適当な間隔で多数を選んで，その全てについてこのようなテストを行う方法と，生物学的な知識に基づいて適当な候補遺伝子を選び，それらの近傍から複数を選んでテストする方法がある．

2. Transmission Disequilibrium Test

Transmission Disequilibrium Test (TDT) は，病者とマーカー遺伝子座がヘテロ接合になっている親の多数の親子ペアでマーカー遺伝子がどのように伝わったか調べることによって，病気の原因遺伝子とマーカー遺伝子座の連鎖関係を推定する．簡単のために前と同じように劣性で浸透率が1の原因遺伝子dを考え，その対立遺伝子をH，マーカー遺伝子座の対立遺伝子をM_1, M_2とする．この場合 TDT で調べる親子のペアでは子供の原因遺伝子座は dd となっているので，親からかならず d を受け継いでいる（図7.5参照）．一方，親のマーカー遺伝子座は M_1M_2 に

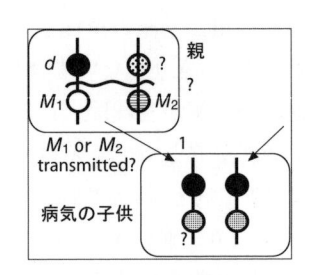

図 7.5 TDT における親子

7.1 2遺伝子座の集団遺伝学

なっており，もし2つの遺伝子座が，1) 連鎖していない ($r = 0.5$)，または，2) 連鎖平衡 ($D = 0$)，であれば，M_1 は1/2の確率で子に伝わる．このことを帰無仮説としてカイ2乗テスト等を使って検定し，棄却されれば $r < 0.5$ かつ $D \neq 0$ が結論される．

実際に組換え率が r で連鎖不平衡が有る場合（$D \neq 0$）について，親子ペアを調べた時，子供に M_1 が伝わる確率を計算してみよう．d と M_1 の遺伝子頻度をそれぞれ p, m とすると，

$$g_{dM_1} = pm + D, \qquad g_{dM_2} = p(1-m) - D$$
$$g_{HM_1} = (1-p)m - D, \qquad g_{HM_2} = (1-p)(1-m) + D$$

となる．TDT ではマーカー遺伝子座が $M_1 M_2$ となっている親を調べているので，表 7.5 より，このような親を集団からサンプルしてさらに子供に d が伝わる（この事象を A と呼ぶことにする）確率は，

$$\Pr[A] = 2g_{dM_1}g_{dM_2} \times 1 + 2g_{dM_1}g_{HM_2} \times \frac{1}{2} + 2g_{dM_2}g_{HM_1} \times \frac{1}{2}$$
$$= D(1-2m) + 2m(1-m)p$$

となる．これに加えて，M_1 が子に伝わる（この事象を B と呼ぶ）確率を同じように表 7.5 を使って計算すると，次の式を得る．

$$\Pr[A, B] = \frac{1}{2}(\Pr[A] + (1-2r)D).$$

表 **7.5** TDT における遺伝子の伝達確率

親の遺伝子型	頻度	d の伝達	M_1 の伝達
dM_1/dM_2	$2g_{dM_1}g_{dM_2}$	1	1/2
dM_1/HM_2	$2g_{dM_1}g_{HM_2}$	1/2	$(1-r)/2$
dM_2/HM_1	$2g_{dM_2}g_{HM_1}$	1/2	$r/2$
HM_1/HM_2	$2g_{HM_1}g_{HM_2}$	0	0

この2つの式から，この親子ペアで M_1 が伝わる条件付き確率，

$$\Pr[A|B] = \frac{1}{2} + \frac{(1-2r)D}{2[2m(1-m)p + D(1-2m)]}$$

を得ることができる．この式から $r = 0.5$ または $D = 0$ なら，この確率は 1/2 となることがわかる．連鎖 (r) や連鎖不平衡の程度 (D) がわかると，この式からテストの検出力を計算することも出来る．

例えば前節で述べたように「分化した集団が融合した」場合等では，連鎖がない ($r = 0.5$) 場合にも連鎖不平衡が出来て，前に述べた連鎖不平衡を直接調べる方法では連鎖があるとして検出されてしまう．しかし TDT では連鎖が無ければ $r = 0.5$ となり確率は $\Pr[A|B] = \frac{1}{2}$ となるので，このような見せかけの連鎖は検出されないと言う利点が有る．

7.2 量的遺伝学

メンデルの遺伝学で扱う形質の表現型は違いが明確で，遺伝子型との対応がはっきりしていた．このような形質をメンデル形質と呼ぶ．一方生物の形質には身長，体重やハエの剛毛数のように量的な変異を持つものも有り，**量的形質（Quantitative Trait）** と呼ばれている．これらの形質は一般にスケールを適当に取ると，集団中で一峰性の対称分布をしていることが多い．例えば図 7.6 に日本人 15 歳男女の身長の分布が示してあるが，分布は男女別に分けるとほぼ一峰性の対称分布，正規分布に近い形をしていることがわかる．

このような量的形質にも遺伝的要素が有り，例えば親の身長が高いと子の身長も高くなる．前世紀の初めにメンデルの法則の再発見がなされた後，量的形質の遺伝に関してメンデルの法則が成り立つのかどうか，と言う議論がしばらくの間続いた．しかし量的形質も多くの遺伝子座と環境の効果によって決まると仮定することによって，その遺伝がメンデルの法則により説明できることが Fisher らによって示され，この問題は解決を見た．その後量的形質の遺伝を扱う量的遺伝学（Quantitative Genetics）が発展した．量的形質に関与する遺伝子座のことを **QTL（quantitative trait locus）** と呼ぶ．古典的量的遺伝学では主に近縁者間での量的形質値の関係を扱うが，最近は分子生物学の成果を利用して個々の QTL を同定し，それぞれの QTL の遺伝地図上の位置や性質を明らかにしようと言う試み（QTL マッピング）が行われ

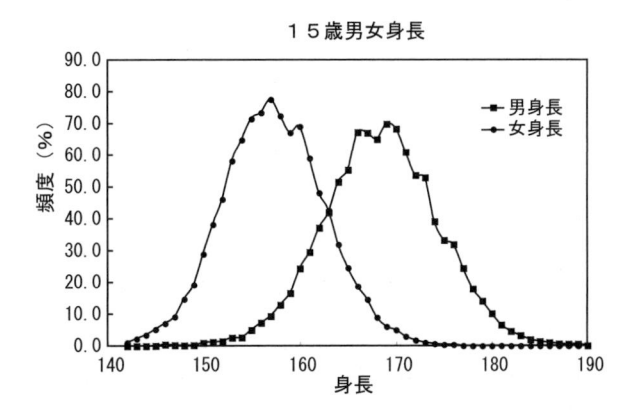

図 7.6 平成 19 年度日本人 15 歳男女の身長．政府統計 http://www.e-stat.go.jp/SG1/estat/List.do?bid=000001013276&cycode=0 より作成．

るようになった．ここではこの両者について簡単に説明する．

7.2.1 量的形質遺伝子座 QTL

図 7.6 で身長はほぼ正規分布をしていたが，まず多くのメンデル性遺伝を行う遺伝子座を仮定することによって形質値の分布が正規分布となることを示そう．簡単のために n 個の遺伝子座が量的形質に寄与しており，i 番目の遺伝子座には 2 つの対立遺伝子 A_i, B_i が有るとする．それぞれの対立遺伝子の量的形質値 Q への寄与は，A_i が 1，B_i が 0 であるとする．各個体の i 番目の遺伝子座の 2 つの遺伝子の効果を x_i, y_i で表し，個体の形質値 Q はその総和で決定されるとする．

$$Q = \sum_{i=1}^{n}(x_i + y_i). \tag{7.9}$$

例えば集団中での A_i の頻度を p とし，集団は Hardy-Weinberg 平衡でかつ連鎖不平衡に有るとすると，個体の形質値 Q は A_i 遺伝子の数なので，パラメータが $2n, p$ の二項分布をする．二項分布は $2n$ が増加して行くと正規分布に近づくことが知られているので，多くの遺伝子座が相加的に寄与していると仮定すると，集団中での形質値 Q が正規分布することを説明することが

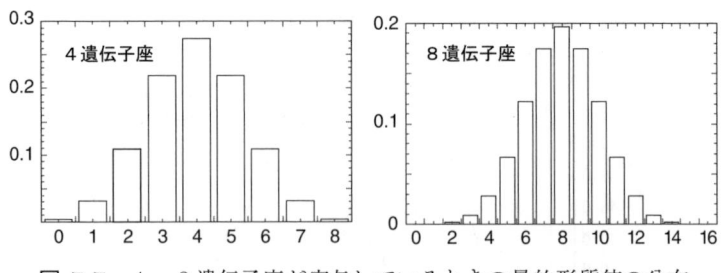

図 7.7 4，8 遺伝子座が寄与しているときの量的形質値の分布

できる．頻度 $p=0.5$，$n=4,8$ の場合について図 7.7 に分布を示してあるが，遺伝子座の数が増えるほど正規分布に近づいて行く様子が分かる．

7.2.2 環境効果と広義の遺伝率

量的形質は遺伝子だけではなく環境の影響も受ける．そこで量的形質値を次のように表現する．

$$Q = \mu + \underbrace{G}_{遺伝} + \underbrace{E}_{環境} + \underbrace{G \times E}_{相互作用}$$

ここで μ は形質値の集団での平均で，G, E はそれぞれ遺伝子と環境の効果を平均値からのずれとして測ったものである．G は多くの遺伝子座の効果の総和を表す．$G \times E$ が表す**遺伝子–環境相互作用（genotype-environment interaction）**については少し説明がいる．環境の効果は必ずしも遺伝子の効果に相加的に加わるとは限らない．例えば 2 つの環境 1，2 と 2 つの遺伝子型 A，B が有るとしよう．環境が変化してもそれぞれの遺伝子型の形質値が同じように変化するときは，相互作用がない（図 7.8(A)）．一方，環境 1 では遺伝子型 B の方が形質値が高く環境 2 では逆転するような場合，環境の効果は相加的ではなく，この場合は相互作用が存在する（図 7.8(B)）．

遺伝子–環境相互作用は生物のいろいろな形質で見られる．例えば寒冷地に適した作物の系統は一般に温暖地では収量が減少するし，生物の環境への適応進化は遺伝子–環境相互作用に関与する遺伝子の固定によって起こる．しかしここでは簡単のため $G \times E$ 相互作用がない場合について考えることにする．

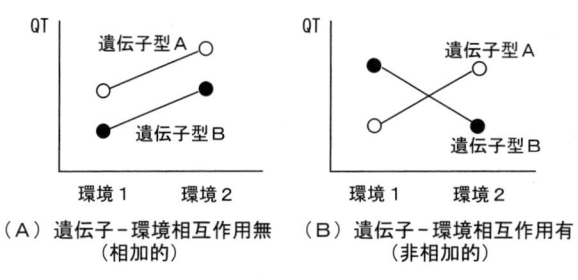

図 **7.8** 遺伝子–環境相互作用

そのとき形質値は
$$Q = \mu + G + E$$
と分割される．この時量的形質値の分散は
$$\mathrm{Var}(Q) = \mathrm{Var}(G) + \mathrm{Var}(E) + 2\mathrm{Cov}(G, E)$$
となる．ここで $\mathrm{Var}(Q) = V_P$, $\mathrm{Var}(G) = V_G$, $\mathrm{Var}(E) = V_E$, $\mathrm{Cov}(G, E)$ をそれぞれ，表現型分散（phenotypic variance），遺伝分散（genetic variance），環境分散（environmental variance），遺伝子–環境共分散（genotype-environmen covariance）と呼ぶ．遺伝子–環境共分散は，ある遺伝子型が特定の環境で見つかることが多いといった状況で非ゼロの値を取るが，これについてもこれから無視することにする．

この分散の分割を使って，広義の遺伝率（broad-sense heritability），H^2, を次のように定義する．
$$H^2 = \frac{\mathrm{Var}(G)}{\mathrm{Var}(Q)} = \frac{V_G}{V_G + V_E}.$$
広義の遺伝率は，量的形質変異のなかでの遺伝的変異の割合を表しており，「氏か育ちか」の問題を定量的に表現している．広義の遺伝率を推定するためには V_P, V_G を推定する必要があるが，V_G を直接推定することは出来ない．そこで遺伝的に均一な複数の個体（クローン，人の場合は一卵性双生児）について量的形質値を調べる．この場合 $G = 0$（遺伝子の効果は平均値からのずれとして測られていることに注意する）なので $V_G = 0$ となり，V_E は表現型

分散と等しくなる．そこで $V_G = V_P - V_E$ の関係を使うと，遺伝分散を推定することができる．

7.2.3 遺伝分散の分割と狭義の遺伝率

次に量的形質の親から子供への遺伝について考えてみよう．式7.9で述べたモデルでは，簡単のために各遺伝子の効果が相加的であることを仮定した．この場合，両親から子供に伝わった遺伝子の効果を足しあわせると，子供の形質値がどのようになるか予測することができる．しかし実際は必ずしもこの仮定が成り立つとは限らない．ここでは1個体中の同じ遺伝子座の2個の遺伝子の効果が相加的ではない，つまり相互作用が有る場合について考えてみる．簡単のために異なる遺伝子座間には相互作用はないものと仮定する．ちなみに異なる遺伝子座間の遺伝子間相互作用を，**エピスタシス（epistasis）**と呼ぶ．

ひとつの遺伝子座の量的形質への貢献を考えることにし，ある遺伝子座に2つの対立遺伝子 A, B があってそれぞれの遺伝子頻度を $p, 1-p$ で表すことにする．集団の平均値からのずれとして測ったこの遺伝子座の量的形質への寄与を，次のように表すことにする．

遺伝子型	AA	AB	BB
量的形質への寄与	Q_{AA}	Q_{AB}	Q_{BB}
頻度	p^2	$2p(1-p)$	$(1-p)^2$

ここで集団は任意交配をしており，Hardy-Weinberg 平衡にあると仮定した．Q の平均はゼロである．

片方の親から子へは1個しか遺伝子が伝わらないので，親から子への遺伝を考えるためには，ひとつの遺伝子が伝わったときの効果を考える必要がある．遺伝子が子に伝わった時，どの程度子供の形質値が平均値から変化するかによって遺伝子の相加効果（additive effect）を定義しよう．A, B 遺伝子が片親から子に伝えられた時，もう一方の親から A, B が伝えられる確率はそれぞれ $p, 1-p$ なので，A, B 遺伝子の相加効果 q_A, q_B はそれぞれ，

$$q_A = pQ_{AA} + (1-p)Q_{AB}, \quad q_B = pQ_{AB} + (1-p)Q_{BB},$$

と表される.この効果は集団中で平均するとゼロとなる $(pq_A+(1-p)q_B=0)$ ことに注意する.

演習問題 7.4 次の場合の A 遺伝子の相加効果を求めなさい.ただし A 遺伝子頻度は 0.5 であるとする.

	(A)			(B)		
	AA	AB	BB	AA	AB	BB
Q	1	0	-1	-1	1	-1

この問題では量的形質値は完全に遺伝子型によって決定されているが,(B) の場合はどちらの遺伝子が伝わってもその効果は同じで,相加効果はゼロとなる.この場合,遺伝子の組み合わせの効果はゼロではないが,ひとつしか遺伝子が伝わらない子にはその効果は伝わらないため,子供の平均値に影響が表れない.このような遺伝子の組み合わせの効果をあらわすために,遺伝子型 XY(X, Y は A または B)の**優性効果**(**dominance effect**)d_{XY} を次のように定義する.

$$d_{XY} = Q_{XY} - (q_X + q_Y). \tag{7.10}$$

優性効果はどちらかの遺伝子(X または Y)について遺伝子頻度を使って平均するとゼロとなる.例えば

$$pd_{AY} + (1-p)d_{BY} = pQ_{AY} + (1-p)Q_{BY} - q_Y = q_Y - q_Y = 0,$$

である.各遺伝子座でこのように相加効果と優性効果を定義し,遺伝子座間の相互作用は無いと仮定すると,量的形質値は,

$$Q = \sum_{i=1}^{n}(q_{iX} + q_{iY} + d_{iXY}),$$

と表される.ここで各遺伝子座の項を表すために,添字 i をそれぞれの効果につけてある.Hardy-Weinberg 平衡かつ連鎖平衡の状態では,このように定義された各効果の共分散はゼロになる.

そこで V_A, V_D を次のように定義すると,

$$V_A = \sum_{i=1}^n 2\mathrm{Var}[q_{iX}], \quad V_D = \sum_{i=1}^n \mathrm{Var}[d_{iXY}],$$

量的形質の分散 V_P は次のように分割される．

$$V_P = \mathrm{Var}[Q] = V_A + V_D + V_E.$$

ここで，V_A, V_D をそれぞれ**相加遺伝分散**（**additive genetic variance**），**優性分散**（**dominance variance**）と呼ぶ．また狭義の遺伝率（narrow-sense heritability）h^2 を次のように定義する．

$$h^2 = \frac{V_A}{V_P}. \tag{7.11}$$

相加効果は遺伝子が 1 個伝わるときの効果なので，V_A は各個体が持つそのような効果の総和の分散と考えることができる．そこで h^2 は全分散のうちの子に伝えうる効果（育種値，breeding value と呼ぶ）の分散の割合と言うことができる．広義の遺伝率と狭義の遺伝率には以下の関係がある．

$$h^2 = \frac{V_A}{V_P} \leq \frac{V_A + V_D}{V_P} = H^2.$$

次にこれらの結果を使って，親子の間でどれだけ似るか，つまり親の値からどのように子供の値を予測できるかを考えてみよう．このためにまず親子間の共分散を求める．各遺伝子座の効果は相加的なので，1 遺伝子座のみを考慮することにする．親と子の量的形質値をそれぞれ Q_P, Q_O とすると，これらは相加効果と優性効果を使って，

$$Q_P = q_X + q_Y + d_{XY}, \quad Q_O = q_X + q_Z + d_{XZ}$$

と表すことができる．ここで親と子はひとつの遺伝子を共有するので，その遺伝子を X で表している．任意交配を仮定しているので X, Y, Z は独立である．このため共有されていない遺伝子の相加効果や優性効果の間の共分散はゼロとなる．これらのことから結局親子の共分散は，

$$\mathrm{Cov}(Q_P, Q_O) = \mathrm{Var}(q_X) = \frac{V_A}{2} \tag{7.12}$$

となる．ここで親と子の量的形質値が 2 次元正規分布をしていると仮定すると，$\mathrm{Var}(P_P) = V_P$ と式 7.12 から子の親への回帰式，

$$\mathrm{E}[Q_O|Q_P] = \frac{\mathrm{Cov}(Q_O, Q_P)}{\mathrm{Var}(Q_P)} Q_P = \frac{1}{2} h^2 Q_P$$

が得られる．Q_P, Q_O はどちらも集団の平均値からの差を表しているので，この式は親の値の平均との差（Q_P）に狭義の遺伝率（h^2）の半分をかけると，子の値の平均からの差が予測できることを表している．

同様にして，子の両親の平均値への回帰の式を求めてみよう．両親の形質値を Q_{P1}, Q_{P2} で表すと，子の両親の平均値（mid-parent value）$Q_M = (Q_{P1} + Q_{P2})/2$ への回帰式は，

$$\mathrm{E}[Q_O|Q_M] = \frac{\mathrm{Cov}(Q_M, Q_O)}{\mathrm{Var}(Q_M)} Q_M = h^2 Q_M \tag{7.13}$$

となる．ここで $\mathrm{Var}(Q_M) = V_P/2$ を使った．つまり両親の平均値に狭義の遺伝率をかけると，子の予測値を求めることができる．狭義の遺伝率は様々な生物で推定されており，0 から 1 までの値を取る（[2] 参照）．例えばダーウィンフィンチと言う鳥では体重の狭義の遺伝率は非常に高く 0.9 程度であるが，昆虫のコクヌストモドキの産卵力では 0.3 程度で低い値となっている．

演習問題 7.5 ヒトでは男性の身長の平均値が 170cm，狭義の遺伝率は 0.6，広義の遺伝率は 0.8 であるとする．(a)1 人の男性の身長が 180cm である．もしこの人が平均の環境で育てられたとしたら，身長はどれだけになったであろうか．(b) この男性が平均身長の女性と結婚し，息子のために平均的な環境を与えたとする．その息子の身長の期待値はどれだけか．(c) もしこの息子が父親と同じ環境で育てられたとしたら，その身長の期待値はどれだけになるか．

7.2.4 量的形質への淘汰の効果

人類は古来より植物の栽培化や動物の家畜化を行ってきた．このような育種において，適当な形質で形質値が高い（または低い）親を選んで子を産ませると言う人為淘汰（artificial selection）が行われた．つまりある値より高

い形質値を持つ個体を親として次世代を作るわけだが，この時子世代の形質平均値がどの程度向上するかを考えてみよう（図 7.9 参照）．それぞれの両親と子のペアについては式 7.13 が成立するので，選ばれた両親の平均 Q_M の平均値を使ってその子の平均値 $\mathrm{E}[Q_O]$ は，

$$\mathrm{E}[Q_O|Sel] = h^2 \mathrm{E}[Q_M|Sel]$$

と表される．$\mathrm{E}[\ |Sel]$ は選ばれた親についての平均を表す．ここで $S = \mathrm{E}[Q_M|Sel]$（選抜差，selecction differential），$R = \mathrm{E}[Q_O|Sel]$（応答，response）とすると，

$$R = h^2 S, \tag{7.14}$$

が得られる．図 7.9 からわかるように，親世代の増加分（選抜差）のうちの

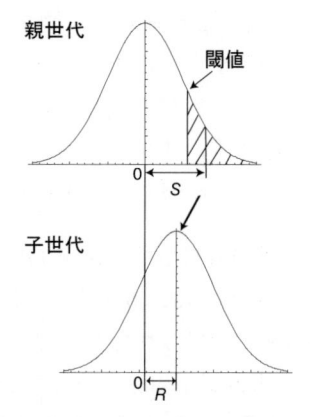

図 7.9 人為淘汰の例．閾値より高い値（斜線部）の親を選んで子供を作る．

h^2 の割合が，子世代の平均値の増加分（応答）となる．

7.2.5 QTL マッピング

分子生物学が発展して染色体上に簡単に遺伝子マーカーを作ることができるようになり，量的形質に関与する遺伝子座（QTL）を個々にマッピングし

てその性質を調べることができるようになった．最終的な目標は関与する遺伝子を同定し，どのような DNA の違いによって量的変異が起こっているかを明らかにすることであるが，QTL マッピングはその第一歩と言うことができる．QTL マッピングでは，多くのマーカー遺伝子座と量的形質値を同時に調べることにより，どのマーカー遺伝子座の遺伝子型が形質値に影響を与えているかを組織的に調べる．幾つかの方法が提案されているが，ここでは QTL の効果が遺伝子座間では相加的であると仮定し，戻し交配を使った**インターバルマッピング**（**interval mapping**）について説明しよう．

まず量的形質値の（出来れば大きく）異なる 2 つのホモ接合系統を準備し，染色体上に適当な間隔でマーカー遺伝子座を設定する．2 つの系統でマーカー遺伝子座の対立遺伝子（ホモ接合となっている）はそれぞれ異なっているとする．この 2 つの系統を交配して生まれた子供（F_1）に一方の系統を戻し交配して，得られた子供の形質値（Q）及びマーカー遺伝子座での遺伝子型を調べる．

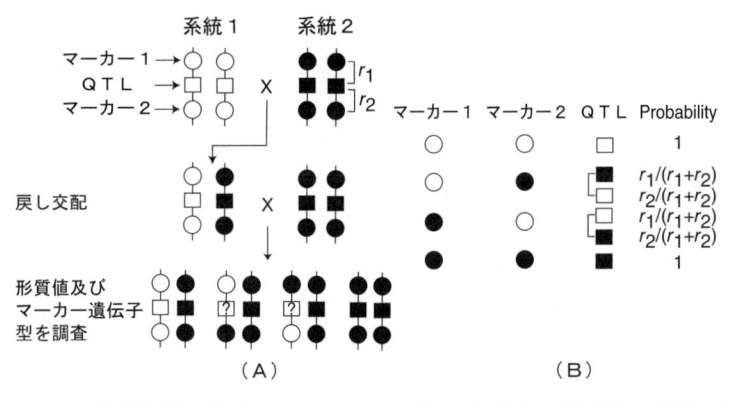

図 **7.10** 戻し交配を使ったインターバルマッピング．(B) では (A) の最後の世代の個体中の F_1 由来の染色体上の対立遺伝子を示している．

このデータを使って染色体の任意の位置に QTL が存在するかどうかを調べることにする．この位置と隣り合う 2 つのマーカー遺伝子座をマーカー 1，

マーカー2と呼ぶことにし，マーカー1とQTL，マーカー2とQTLの組換え率を r_1, r_2 とする（図7.10(A)参照）．マーカー遺伝子座間の組換え率は低いので，二重交叉は起こらないと仮定すると，2つのマーカー遺伝子座の遺伝子型がわかれば，図7.10(B)にあるように，染色体の今注目している位置がどちらの系統由来であるかを推測することができる．

最後の世代の個体中の F_1 由来の染色体で，注目している位置に系統1由来の対立遺伝子が来ているとき $X = 1$，系統2由来の対立遺伝子が来ているとき $X = 0$ とすると，量的形質値 Q は

$$Q = a + bX + e$$

と表すことができる．ここで b は系統1の対立遺伝子が来ることによる量的形質値の増分を表し，e はこの位置の遺伝子以外による影響で平均0，分散 σ^2 の正規分布をしていると仮定する．図7.10(B)より両隣のマーカーが決まると $P_1 = \Pr[X=1]$ が決まるが，これを使うと各個体が Q, X を取る確率密度が次のように計算される．

$$f(Q, P_1, b, a, \sigma^2) = \frac{P_1}{\sqrt{2\pi}\sigma} \exp[-\frac{(Q-b-a)^2}{2\sigma^2}] + \frac{1-P_1}{\sqrt{2\pi}\sigma} \exp[-\frac{(Q-a)^2}{2\sigma^2}].$$

観測された値を使って $b = 0$ と $b \neq 0$ の時の最大尤度から尤度比求めることにより，染色体上のこの位置にQTLが存在するかどうか（$b \neq 0$ または $b = 0$）を調べる．QTLマッピングでは染色体上の位置を順次変えてスキャンするようにしてQTLを探すので，検定は多重比較になる．このため尤度比の棄却域をどのように定めるかは難しい問題であるが，10を底とした対数を取ったとき（このとき Lod score と呼ばれる），2-3の間の値とすることが多い（Lander and Botstein [3]）．

Paterson et al., [4] は実際にこの方法を使って，トマトの果実重量やpH等の量的形質を支配する遺伝子座を複数同定した．QTLマッピングでは遺伝子座の位置を決めるだけでなくその効果（b）の推定も行うが，これまでの研究によると，量的形質に寄与する遺伝子座には比較的大きな効果を持ったものが多いことがわかっている．

7.2.6 候補遺伝子アプローチ

遺伝病の原因遺伝子の場合と同様に，量的形質と候補遺伝子座の対立遺伝子との連鎖不平衡を調べることによって関与する遺伝子を同定する試みがなされている．Benjamin et al. [5] は，好奇心の強さを定量化して量的形質とみなし，候補遺伝子として D4 ドーパミン受容体遺伝子 $D4DR$ に注目して，その変異と好奇心の強さの関係を調べた．この遺伝子座のエクソン 3 には繰り返し配列の多型が有り，彼らは 2-5 コピーのものを S, 6-8 コピーのものを L 対立遺伝子としてまとめて解析を行った．その結果好奇心の強さのスコアの平均は，SS 個体では 55.1, SL と LL 個体を合わせた平均は 58.1 となり，コピー数の大小が有意にこの形質値のスコアを変化させることを見いだした．ただしこれらの対立遺伝子によるスコアの違いは，スコアの全分散の 3-4 %のみを説明するだけなので，その他にもこの形質に寄与する遺伝子は多くあると考えられる．この場合のように候補遺伝子アプローチは生物学的基礎がはっきりしているとき，QTL マッピングでは難しかった遺伝子の同定を行う上で強力な方法となる．

参考文献

[1] Reich, D. E., Cargill, M., Bolk, S., Ireland, J., Sabeti, P. C., Richter, D. J., Lavery, T., Kouyoumjian, R., Farhadian, S. F., Ward, R. and Lander, E. S.: Linkage disequilibrium in the human genome. *Nature*, 411, 199-204, 2001.

[2] Mousseau, T. A. and Roff, D. A.: Natural selection and the heritability of fitness components. *Heredity*, 59, 181-197, 1987.

[3] Lander, E. S. and Botstein, D.: Mapping Mendelian factors underlying quantitative traits using RFLP linkage maps. *Genetics*, 121, 185-199, 1989.

[4] Paterson, A. H., Lander, E. S., Hewit, J. D., Peterson,S., Lincoln,S. E. and Tanksley, S. D.: Resolution of quantitative traits into Mendelian factors by using a complete RFLP linkage map. *Nature*, 335, 721-726, 1988.

[5] Benjamin, J., Li, Lin., Patterson, C., Greenberg, B. D., Murphy, D. L. and Hamer, D. H.: Population and familial association between the D4 dopamine receptor gene and measures of novelty seeking. *Nature Genetics*, 12, 81-84, 1996.

第8章　分子進化

　1950年代から分子生物学が発展し，生物の働きがDNAやたんぱくと言った分子のレベルで理解されるようになってきた．この成果を利用して，生物の進化を分子レベルで解明しようと言う試みが1960年代に入って始まった．このような研究分野を分子進化学と呼ぶ．分子進化学には大きく分けると次の2つの分野がある．

分子系統学：　DNAやアミノ酸配列の違いを使って生物種間の系統関係を推定する．

進化機構論：　種内・種間の分子レベルの遺伝的変異がどのような機構によって産み出され，維持されているのかを解明する．

この章ではこの両者について説明する．

8.1　分子系統学

　共通祖先から分岐した生物集団がそれぞれ分化することにより，多様な生物種が出来てきたと考えられるが，系統学はこれがどのような順序でいつ起こったかを推定する．分子系統学（molecular phylogenetics）では，この推定にDNA配列やたんぱくのアミノ酸配列の情報を利用する．その原理を簡単に図8.1に示してある．図のように現在3種A, B, Cがいるとしよう．共通祖先種から始まって，まず種Cが他の2種の祖先から分岐し，次に種A, Bが分岐したとする．このような関係を系統関係と呼ぶ．さて共通祖先種が例えばAAAAAAAAAと言う塩基配列を持っていたとしよう．共通祖先から現在の種Cに至るまでに，1番目と9番目の塩基がともにAからGに変化したとすると，種Cの塩基配列は図のようにGAAAAAAAGとなる．一方共通祖先から種A, Bの共通祖先に至るまでに2番目の塩基がAからCに変

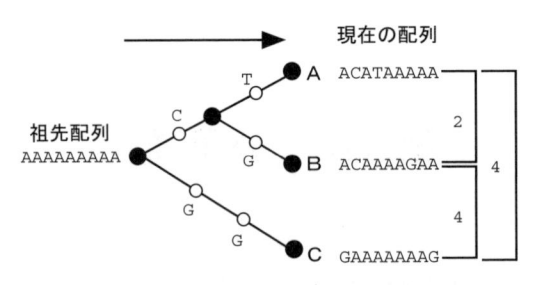

図 8.1 分子系統樹作成の原理

化し，さらに種 A に至るまでに 4 番目の塩基が A から T に，種 B に至るまでに 7 番目の塩基が A から G に変化すると，種 A, B のそれぞれの塩基配列は ACATAAAAA, ACAAAAGAA となる．図では 3 種 A, B, C の配列が対応する塩基を合わせて並べられているが，このように並べることをアラインメント（alignment）と呼ぶ．

分子系統学は現在の種から得られた配列情報を使って，過去に起こった分岐の順序，つまり系統関係を推定する．例えば，最近に分岐した種の方がより昔に分岐した種より塩基配列がよく似ていると予想されるので，このことを利用して系統関係を推定できる．図 8.1 の右側に 3 種の配列のそれぞれのペア間の塩基変化数を示してあるが，A-B 種間の変化が一番小さいので，A, B 種が最近に分岐した，つまりまず C 種が分岐した後，A, B 種の分岐が起こったと推定することができる．このような考えに基づく系統樹推定法を距離法（distance method）と呼ぶ．これ以外の方法の代表的なものとして，最大節約法（maximum parsimony method），最尤法（maiximum likelihood method）がある．

これらの方法を説明する前に，系統樹の形（トポロジー）について考えてみよう．図 8.1 にあるように系統樹はノード（node, 図中左の黒丸）とそれをつなぐ枝（branch）からなるグラフである．枝の末端の部分にあるノード（図では A, B, C）は **OTU（operational taxonomic unit）** と呼ばれ，系統樹はこれらの間の系統関係を表現している．共通祖先を表すノードは **根（root）** と呼ばれ，本来系統樹推定では根も推定されるべきであるが，推定

法によっては根の推定を行えないものも有る．そこで根が推定された系統樹を**有根系統樹**（**rooted tree**），根が推定されていない系統樹を**無根系統樹**（**unrooted tree**）と呼んで区別する．図 8.1 の系統樹は有根系統樹である．

系統樹推定は与えられた OTU 数で可能なトポロジーの中から，最も適切なものを選ぶ問題と考えることができる．そこで n 個の OTU がある時，無根系統樹の取りうるトポロジーが幾つあるかを考えてみよう．まず $n=2,3$ の時だが，系統樹のトポロジーはひとつしかない（図 8.2（A））．4 種（$n=4$）になって初めて，図にあるように 3 つのトポロジーが可能になる．

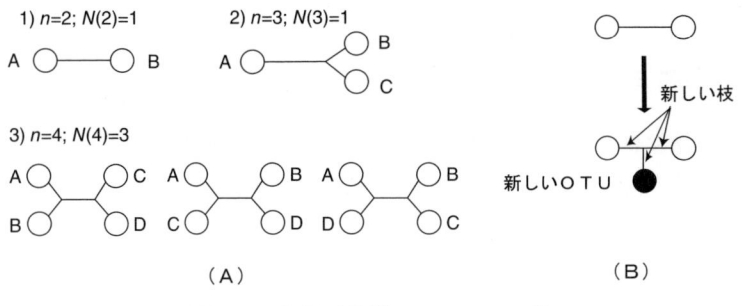

図 8.2　無根系統樹トポロジーの数

一般の場合を考えるために，n 個の OTU があるときのトポロジーの数を $N(n)$ で表し，$N(n)$ を漸化式を使って計算してみよう．n 個の OTU の系統樹それぞれに対して，どれかの枝に新しい枝を接合すると $n+1$ 個の OTU の系統樹が出来る．このため n 個の OTU を持つ系統樹の枝の数を $b(n)$ とすると，

$$N(n+1) = b(n)N(n) \tag{8.1}$$

の関係が成り立つ．$b(2)=1$ で，$n \geq 3$ では OTU が増えるごとに枝の数は 2 ずつ増加するので（図 8.2（B）参照），$b(n)=2n-3$ となる．$N(2)=1$ に注意して，これを式 8.1 に代入し計算すると，次の式が得られる．

$$N(n) = \frac{(2n-5)!}{2^{n-3}(n-3)!}.$$

この値は n が増えると急速に増加し，例えば $n = 10$ では 2,027,025, $n = 15$ では 7,905,853,580,625 となる．これらの数字から，OTU が多くなると系統樹の推定が困難になる理由が見て取れる．有根系統樹は無根系統樹の枝のどこかに根を置くことによって決定されるので，可能なトポロジーの数は更に多くなる．

次に系統樹の推定法についてみて行くことにしよう．なおこれらの方法を使って系統推定を行うためのフリーのソフトウエアが多数存在するので（例えば

http://evolution.genetics.washington.edu/phylip/software.html
等参照），実際の解析を行うときはこれらを利用すると良い．

8.1.1 距離法

この方法では，OTU のそれぞれのペアの間で塩基配列の違い等により遺伝的な距離を計算し，それに基づいて系統樹を推定する．よく使われるのは近隣接合法（neighbor-joining method）であるが，ここでは原理的に単純な UPGMA（Unweighted Pair Group Method using arithmetic Average）法について述べる．分子系統樹作成にあたっては，まず配列のアライメントを行

```
ヒト       VLSPADKTNVKAAWGKVGAHAGEYGAEALERMFLSFPTTKTYFPHF-DLS
ウシ       VLSAADKGNVKAAWGKVGGHAAEYGAEALERMFLSFPTTKTYFPHF-DLS
カンガルー  VLSAADKGHVKAIWGKVGGHAGEYAAEGLERTFHSFPTTKTYFPHF-DLS
コイ       SLSDKDKAAVKIAWAKISPKADDIGAEALGRMLTVTPQTKTYFAHYADLS
```

図 8.3 ヒト，ウシ，カンガルー，コイの α ヘモグロビンのアミノ酸配列．最初の50アミノ酸のアラインメントが示されている．

う．図 8.3 に脊椎動物 4 種の α ヘモグロビンの先頭部分のアミノ酸配列のアラインメントが示されている．各文字は 20 種のアミノ酸に対応しているが，図の最後から 4 番目のサイトにヒト，ウシ，カンガルーでは "-" が入っている．これらの 3 種ではコイと較べるとこの位置のアミノ酸が欠失しているが，

対応するアミノ酸同士をそろえるために，アラインメントにおいて "-" が挿入されている．

アラインメントが出来たら，次に各配列ペア間の距離（distance）を推定する．距離の推定法にもいろいろあるが，ここでは単純にアミノ酸の置換数を使うことにする．得られた結果を整理し表にしたもの（距離行列と呼ぶ）を図 8.4（A）に示してある．この距離行列から出発して次の操作を行う．

	ヒト	ウシ	カンガルー	コイ
ヒト		17	27	73
ウシ			26	70
カンガルー				74
コイ				

(A)

	ヒト・ウシ	カンガルー	コイ
ヒト・ウシ		26.5	71.5
カンガルー			74
コイ			

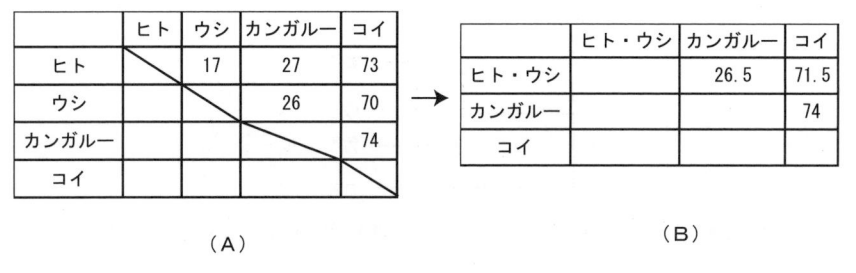

(B)

図 8.4 脊椎動物 4 種の α ヘモグロビンの距離行列

1. 一番小さい距離の OTU ペアを探し，そのペアを結合する．図 8.4（A）では（ヒト，ウシ）を結合する．

2. このペア（ここでは（ヒト，ウシ））を系統樹上（図 8.5）で結び，共通祖先までの距離をペア間の距離の半分で与える．この場合は $\frac{17}{2} = 8.5$ である．

3. 結合されたペア（ヒト，ウシ）と他種との距離をペアを構成する種であるヒト，ウシとの距離の平均として計算し，OTU がひとつ減った距離行列を作成する（図 8.4（B）参照）．但し平均を計算するにあたっては一番最初の距離行列を使う．

1-3 の操作を繰り返すと OTU の数が 1 ずつ減っていき，最終的に系統樹が推定できる（図 8.5）．この例では OTU の数が 4 であったが，数が多くなっても同じようにして系統樹を作ることができる．

UPGMA法は進化速度の一定性を仮定しており，その仮定が成り立たない場合は信頼性のある系統樹を推定することが出来ない．そのような場合は近隣接合法（Saitou and Nei [1]）等他の距離法を用いる．他の方法と違い，近隣結合法等も含めて距離法では各OTUペアの距離に基づきそれぞれのノードを結合して行く．このため全てのトポロジーを探索しないので，計算時間が短くて済むと言う利点がある．

```
        36.16..   13.25  8.5
          ↓         ↓     ↓  ─── ヒト
                              ─── ウシ
                           ─────── カンガルー
                        ────────── コイ
```

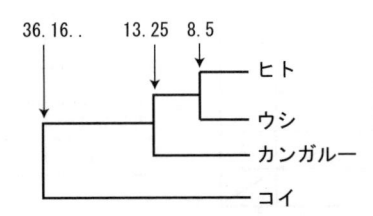

図 8.5　αヘモグロビン配列による脊椎動物4種のUPGMA系統樹

演習問題 8.1　次の表はある遺伝子での，スギの仲間の樹木間のアミノ酸置換数を表している．樹木の間の系統関係をUPGMA法で推定しなさい．

	ヒノキ	ヌマスギ	アスナロ
スギ	17	5	19
ヒノキ		16	10
ヌマスギ			18

8.1.2　最大節約法

最大節約法（maximum parsimony）は配列間の変化が最も少なくなる系統樹を探す．OTUが4の簡単な例を使って方法を説明しよう．

表8.1に4個のOTUの塩基配列が示してある．4個のOTUの系統樹の取りうるトポロジーは図8.6に示してある3種類なので，そのそれぞれについて各塩基サイトで最低幾つの変化が必要かをカウントする．まずこのカウン

表 8.1　4 OTU の塩基配列

OTU	塩基サイト								
	1	2	3	4	5	6	7	8	9
1	A	A	G	A	G	T	G	C	A
2	A	G	C	C	G	T	G	C	G
3	A	G	A	T	A	T	C	C	A
4	A	G	A	G	A	T	C	C	G
Informative					*		*		*

ティングにおいて，4個の OTU で変異がないサイト（表の1，6，8）は考慮する必要がないことに注意する．更にそれぞれの変異が1個の OTU でしか見られないサイト（表の2，3，4，シングルトンサイトと呼ぶ）も考慮する必要がない．これはどのようなトポロジーでも，このような変異を持つ OTU につながる末端の枝に置けば置換数は1増えるだけなので，トポロジー間に置換数の差をもたらさないことによる．例えば表8.1の塩基サイト4では全ての OTU で塩基が異なっているが，どれかひとつを除いた他の3個の OTU につながる末端の枝でそれぞれ置換が起こったとすると，このサイトの全置換数はどのトポロジーでも3となる．

このようなサイトを除いたサイトでは，トポロジーによって置換数が変わってくる．このことをサイト5で見てみよう．図8.6にあるように，このサイトの塩基の違いを説明する変化の数は Tree 1 では1となるが，Tree 2 と 3 では2となる．このようにトポロジーによって置換数が変わってくるようなサイトは，系統樹推定に情報を与えるので informative site と呼ばれる．表8.1では5，7，9がこれに当たり，最下段に＊をつけて示してある．

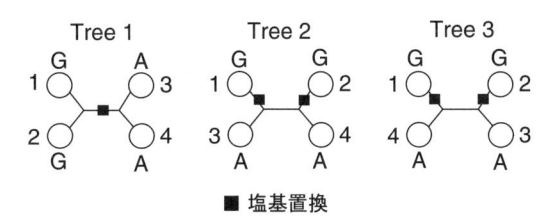

■ 塩基置換

図 8.6　4 OTU の取りうる系統樹のトポロジーとサイト5の塩基

134　第 8 章　分子進化

結局 informative site での置換数の総和が一番小さいトポロジーを選べば，それが最大節約系統樹となる．infromative site での置換数とその和が表 8.2 に示してあり，この表から Tree 1 が最大節約系統樹となることがわかる．

表 8.2　各トポロジーにおける informative site での置換数

	informative site			計
	5	7	9	
Tree 1	1	1	2	4
Tree 2	2	2	1	5
Tree 3	2	2	2	6

最大節約法は可能な全てのトポロジー中を探索して最小置換数の系統樹を見つけようとするので，次に説明する最尤法とともに OTU の数が多くなると非常に計算時間がかかる．このため OTU の数が多いときは，brach and bound 法や heuristic 法と呼ばれる簡便法が使われる．

演習問題 8.2　4 種 A, B, C, D のそれぞれである遺伝子の塩基配列を調べたところ，下のようなデータが得られた．次の問に答えなさい．

1. 考えられる 4 種の系統関係（無根，unrooted のもの）をすべて描きなさい．
2. 1 のそれぞれについて，informative site での塩基置換数の和を求め，最大節約系統樹（most parsimonious tree）を求めなさい．

表 8.3　4 OTU の塩基配列

OTU	塩基サイト								
	1	2	3	4	5	6	7	8	9
A	G	G	A	C	A	T	G	C	A
B	G	G	C	C	A	T	C	C	G
C	G	A	A	T	T	G	A	A
D	A	A	A	C	T	T	C	A	G

8.1.3 最尤法

最尤法（maximuk likelihood method）では，系統樹のトポロジーと配列変化のモデルを与えてデータが得られる確率（尤度）を計算し，尤度が最大となる系統樹を求める．ここでは図 8.7 に示してある簡単な系統樹トポロジーと塩基置換モデルを使って，この方法について説明しよう．

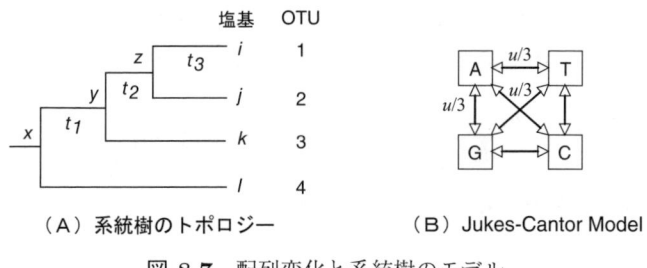

図 8.7 配列変化と系統樹のモデル
（A）系統樹のトポロジー　　（B）Jukes-Cantor Model

まず系統樹であるが，図 8.7 にあるように共通祖先が順次別れて 4 個の OTU となるモデルを仮定する．祖先 OTU から最初に OTU 4 が分岐し，t_1 後に OTU 3，t_2 後に OTU 2 がそれぞれ分岐し，その後 t_3 だけ時間が経って現在に至ったとする．

次にこの系統樹のもとでひとつの塩基サイトがどのように変化するかを考える．各 OTU 1，2，3，4 のひとつの塩基サイトの状態（A，T，G，または C，それぞれ 1, 2, 3, または 4 で表記）を i, j, k, l で，共通祖先から始まって各分岐点での塩基サイトの状態を x, y, z で表す（図 8.7（A））．(i, j, k, l) がデータなのでこれを得る確率 $h(i, j, k, l)$ を求める必要があるが，塩基 i からスタートして t 後に塩基が j となっている確率を $P_{ij}(t)$ で表すと，図 8.7（A）のトポロジーでは確率は，

$$h(i,j,k,l) = \sum_{x=1}^{4} Q_x P_{xl}(t_1+t_2+t_3) \sum_{y=1}^{4} P_{xy}(t_1) P_{yk}(t_2+t_3)$$

$$\times \sum_{z=1}^{4} P_{yz}(t_2) P_{zi}(t_3) P_{zj}(t_3) \qquad (8.2)$$

となる．ここで Q_x は祖先での塩基（x）の分布を表す．

$P_{ij}(t)$ を求めるためには塩基置換のモデルが必要である．ここでは塩基置換のモデルとして，Jukes-Cantor モデルを仮定する．このモデルでは，どの塩基からどの塩基への置換率も同じで，単位時間あたり u/3 と仮定する（図 8.7（B）参照）．このモデルのもとでは他の塩基への置換率が u，他の 3 塩基からこの塩基への置換率が $u/3$ なので，$P_{ii}(t)$ は次の微分方程式を満たす．

$$\frac{dP_{ii}(t)}{dt} = -uP_{ii}(t) + \frac{u}{3}(1 - P_{ii}(t)).$$

この式を初期条件 $P_{ii}(0) = 1$ のもとで解くと，

$$P_{ii}(t) = \frac{1}{4} + \frac{3}{4}\exp[-\frac{4ut}{3}] \qquad (8.3)$$

が得られる．Jukes-Cantor モデルでは置換率が全て等しいので $P_{ij}(t) = P_{ik}(t), (i \neq j \neq k)$ が成立し，$P_{ij}(t) = \frac{1}{3}(1 - P_{ii}(t))$ となる．これを使うと次の式が得られる．

$$P_{ij}(t) = \frac{1}{4}(1 - \exp[-\frac{4ut}{3}]), \quad (i \neq j) \qquad (8.4)$$

平衡状態では

$$P_{ii}(\infty) = P_{ij}(\infty) = \frac{1}{4}$$

となる．

式 8.3 と 8.4 及び，平衡状態を仮定して $Q_x = \frac{1}{4}$ を式 8.2 に代入すると，各塩基サイトの尤度が求まる．サイト間の進化が独立だと仮定することによりこれらの積として尤度が求まるので，これを最大化するようにパラメータ（ut_1 等）を決めれば，最尤系統樹を得ることができる．最尤法は進化速度の変化等も含めて塩基置換のモデルを変えることにより，いろいろな状況に対応できるのでフレキシブルな方法と言えるが，全てのトポロジーを探索し，しかもパラメーターの最適化を行うので，計算時間が長くなる．このため OTU

の数が多くなると使うことが出来ない．

8.1.4 分子系統樹推定の実例

塩基配列を簡単に決めることができるようになり，分子系統樹を使った生物の系統研究が数多くの種群で行われている．多くの場合進化速度の一定性が仮定できないので無根系統樹を推定することが多いが，実際に生物学的な考察を行うにあたっては有根系統樹が必要になることも多い．そこでまず無根系統樹から有根系統樹を得る方法について述べる．

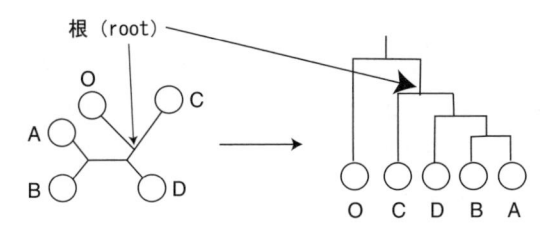

図 8.8　アウトグループを使って無根系統樹から有根系統樹を得る方法

有根系統樹を得るためには根を決める必要がある．そこで系統関係を調べたい種群が分岐するより前に分岐したことがすでにわかっている種Oを探す．このような種はアウトグループ（outgroup）と呼ばれる．例えば哺乳類の系統関係を調べるときは，カンガルー等有袋類の種をアウトグループとすればよい．次にアウトグループ種と調べたい種群において配列を決定し，無根系統樹を推定する．このようにして，例えば4種A，B，C，DとアウトグループOの無根系統樹が決定されたとしよう（図8.8左参照）．この場合Oは最初に分岐したことがわかっているので，A，B，C，Dの根はOがこれらの種とつながっている図の→で示した点となる．このようにして図8.8の右のような有根系統樹を得ることができる．

次に分子系統樹を使った系統推定の例を2つ述べる．ひとつは最も遠い系統関係についての例で，もうひとつは我々ヒトに一番近い種についての例である．

最も遠い関係：真性細菌－古細菌－真核生物

生物は大きく分けると，真性細菌（bacteria），古細菌（archaea），真核生物（eukarya），の3つのドメインに分けられる．前者2つは細胞が核を持たないので原核生物と呼ばれている．真性細菌には大腸菌やラン藻など我々になじみの深い細菌が含まれるが，古細菌はこれらとは違って，高温や高塩等極限環境で見つかることが多く，別のグループを作ると考えられている．真核生物は細胞に核を持ち，ヒト等の動物，植物，菌類，原生生物を含む．

さてこの3つのドメインの関係であるが，この場合アウトグループとなる種が存在しないため，上に述べた方法では有根系統樹を得ることが出来ない．そこで Iwabe et al. [2] は3ドメインの全ての生物が持っている重複遺伝子を使い，有根系統樹を求めた．全ての生物で重複していることから，この遺伝子重複は3ドメインが分岐する前に起こっていると考えられるので，重複遺伝子の一方をもう一方のアウトグループとすれば良い．タンパク合成において翻訳に関わっている EF-Tu と EF-G と言うタンパクは重複遺伝子の産物と考えられるので，このアミノ酸配列に近隣接合法を適用して推定された系統樹を図 8.9 に示してある．

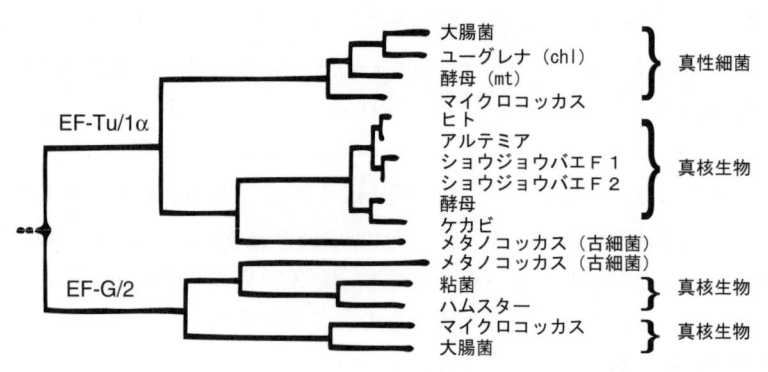

図 8.9 EF-Tu および EF-G を用いた真性細菌－古細菌－真核生物の系統樹．ユーグレナ（chl）と，酵母（mt）はそれぞれの生物の葉緑体とミトコンドリア DNA にコードされているタンパクを示す．Iwabe et al. [2] より改図

この図からまずどちらのタンパクでも最初に真性細菌が分岐し，そのあと古細菌と真核生物が分岐したことが推測される．この系統樹でもう一点注目すべき点は，藻類の葉緑体であるユーグレナ（chl）と酵母のミトコンドリアである酵母（mt）の位置である．これらは真核生物の中で見られるにもかかわらず真性細菌のグループに属しており，葉緑体やミトコンドリアはもともと独立していた細菌が真核生物に共生するようになったものだと言う細胞内共生説を支持する結果となっている．

その後の研究で，3ドメインの関係について図8.9のような関係が成り立つのは複製，転写，翻訳等，情報処理に関わる遺伝子を使った場合で，その他の遺伝子では異なった関係が得られることがわかって来た．進化の過程で遺伝子の水平伝播（horizontal transfer）が起こったために，このような遺伝子間での系統関係の不一致が起こったようである．

最も近い関係：ヒトと大型類人猿

我々に最も近縁な生物は大型類人猿のチンパンジー，ゴリラ，オランウータンだと考えられるが，ヒトも含めてこれらの間の関係がどのようになっているかは興味のあるところである．これについては2つの考え方があった．ひとつは大型類人猿はひとつのグループを作りヒトとは別の系統であると言うもので，我々の直感に合った考え方である．もうひとつはオランウータンが先に分かれた後，ヒト，チンパンジー，ゴリラが分岐したと言うもので，1960年代初めにGoodmanやWilson等分子系統学の創始者によって提唱されたものである．この問題を解決するために，Horai et al. [3] はヨーロッパ人，日本人，アフリカ人，チンパジー2種，ゴリラ，オランウータンのミトコンドリアDNA全配列を決定し，その系統関係を推定した．UPGMA法によって推定された系統樹が図8.10に示されている．この系統樹から我々に一番近い生物はチンパンジー2種で，チンパンジーはゴリラやオランウータンよりも我々に近縁であることがわかる．この研究ではオランウータンが1300万年前に他種と分岐したと仮定して，ヒトとチンパンジーの分岐が約490万年前であろうと推定している．

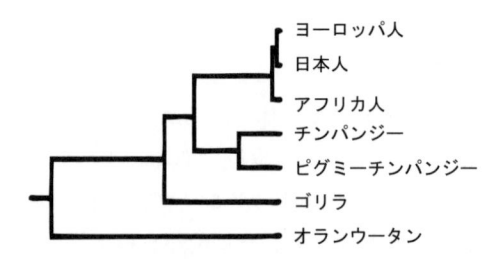

図 **8.10** ミトコンドリア DNA 配列から UPGMA 法によって推定されたヒトと大型類人猿の系統関係．Horai et al. [3] より改図

8.2 分子進化機構論：分子進化の中立説

　分子進化学のもうひとつのテーマは，なぜ生物種間でタンパクや DNA が変化したかと言う問題である．例えば図 8.3 に示されている α ヘモグロビン配列で，最初のアミノ酸がヒト・ウシ・カンガルーではバリンであるが，コイではセリンとなっている．このような変化がなぜ起こったのかと言う疑問に答えようとするのが分子進化機構論である．コイは水棲動物で他の3種は陸上動物なので，セリンからバリンへの変化は陸上生活への適応の結果として起こったと言うのがひとつの説明である．これはアミノ酸置換の自然淘汰による説明である．一方このような変化は偶然に起こったと言う考え方もあり，分子進化の中立説と呼ばれている．この節では分子進化の中立説について説明し，この説をもとに分子進化を見たときにこれまでに得られた知見を幾つか紹介する（その後の発展も含めたやさしい解説書として [4], [5] がある）．

8.2.1 分子進化の中立説

　1930 年以降，進化生物学では生物種間に何か違いが見つかれば，その違いに何らかの適応的意義があるとする見方が支配的であった（進化の総合説）．当然分子レベルの違いについてもそのような考えが有ったが，Kimura [6] は，その頃アミノ酸配列が決まっていた少数のタンパク遺伝子の進化速度に関する考察から，次のような「分子進化の中立説」（以下中立説と呼ぶことにする）を提唱した．

分子レベルで検出されるアミノ酸や DNA の置換の大部分は，自然
淘汰によくも悪くもない（淘汰に中立な）突然変異遺伝子の遺伝的
浮動による偶然の固定の結果である．(Kimura [6])

つまり図 8.3 で見られるような種間の変化の大部分は，中立突然変異の遺伝的浮動によって起こったと主張する．中立説でももちろん適応的進化が起こっていないと主張している訳ではない．分子レベルで見たときの進化のほとんどは偶然によって起こっており，適応的置換は稀であると主張していることに注意する．

中立説はそれまでの進化論と違い分子進化に関して予測を行うので，様々な種の遺伝子配列データを使うことによって検証が可能になる．次節ではこの予測と，実際のデータを使った検証について説明する．

8.2.2 中立説の予測と分子進化の様相

T 時間前に分岐した 2 種から取った相同な遺伝子を考えよう（例えば図 8.3 のヒトとウシの α ヘモグロビン遺伝子）．2 遺伝子の共通祖先遺伝子から現在に至るまでに起こった突然変異の総数を d，遺伝子の総サイト数（塩基又はアミノ酸サイト数）を n とすると，サイトあたりの進化速度 k は

$$k = \frac{d}{n \times 2T} \tag{8.5}$$

と表される．置換の蓄積は共通祖先から現在の 2 種に至る 2 つの系統で起こっているので，右辺では $2T$ でサイトあたりの置換数を割っている．この式を使うと図 8.3 のようなデータから d を推定し進化速度を求めることができる．

さて中立説を仮定し，サイトあたりの全突然変異率を u_T，突然変異のうちの中立突然変異の割合を f_0 で表すことにする．中立説では有利な突然変異が起こる率は無視できるくらい低いと考えるので，残りの $1 - f_0$ の割合は有害突然変異と言うことになる．このように定義すると，サイトあたりの中立突然変異率は $f_0 u_T$ と表されるので，式 6.14 を使って進化速度 k は次の式で表される．

$$k = f_0 u_T. \tag{8.6}$$

この式を使うと分子進化について次の2つの予測することができる.これらの予測を使った中立説の妥当性を示す研究について述べよう.中立説の検証に関するより詳しい説明は,提唱者自身による木村 [7] を参照してほしい.

1. 進化速度の一定性

ひとつの遺伝子座に注目した時,中立突然変異率 f_0u_T は生物によってそれほど変化しないと考えられる.もし f_0u_T が一定であると仮定すると,式 8.6 から進化速度 k も一定となると予測される.

この予測が分子進化であてはまっているかどうかを調べるためには,式 8.5 中にある種の分岐時間 T を推定する必要があるが,これは化石による分岐年代推定の困難性によりなかなか難しい.そこで次のような工夫をした研究が行われた.

(1) 生きた化石の多重遺伝子を使った研究

生きた化石とは長期間にわたって形態変化を起こしていない生物である.もし分子進化速度が一定なら,遺伝子はこのような生きた化石でも形態が変化している生物と同じように進化しているはずである.そこで木村 [7] は生きた化石と考えられているサメのヘモグロビン遺伝子を使って,進化速度の一定性を検証した.サメも含めた全ての脊椎動物は α ヘモグロビンと β ヘモグロビンを持つので,この2つの遺伝子はサメとヒトが分岐する前に重複し,しかも両種の共通祖先では2つの遺伝子の間に既に置換(図 8.11 の X)が起こっていたと考えられる.この分岐後それぞれの種で置換の蓄積が起こったので,現在はサメ,ヒトで2つの遺伝子の間にそれぞれ $X+Y, X+Z$ の置換が蓄積しているはずである(図 8.11 参照).そこで $X+Y$ と $X+Z$ を比較すれば,同じ時間に蓄積した置換 Y と Z の大小を比較することができる.実際に2つの遺伝子間の置換数を調べると,サメでは 100,ヒトでは 87 と言う結果が得られた.このことから中立説が予測するように,生きた化石でも分子レベルの進化は同じ速度(実際は少し高い速度)で起こっていることがわかった.

共通祖先（3-4億年前）

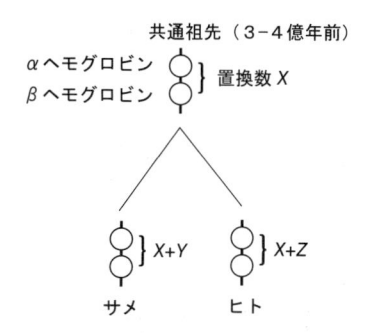

図 8.11　ヒトと生きた化石サメの α 及び β グロビン遺伝子進化

（2）ウィルスを使った研究

感染症を引き起こすウィルスは，流行した時点で凍結され保存されることが多い．そこで過去に保存されたウィルスの遺伝子を決定することにより，年代と置換数を調べることが可能になる．Gojobori et al. [8] は，いろいろな年代に採取されたインフルエンザウィルスAのH3ヘマグルティニン遺伝子配列データを使って進化速度を推定した．この遺伝子はタンパク質をコードしており，置換をアミノ酸を変えない同義置換と変える非同義置換に分類できるので，それぞれについて置換数を時間に対してプロットしたグラフが図 8.12 に示されている．この図から同義置換速度，非同義置換速度とも一定になっており，中立説の予測とよく合っていることがわかる．

2. 重要でない場所ほど進化速度は高い

式 8.6 において f_0 は中立な突然変異の割合を表しており，中立説では残りの $1-f_0$ が有害突然変異であると仮定している．さて一般に塩基やアミノ酸のサイトで生物学的に重要なところでは強い淘汰が働き，適応度の高い塩基やアミノ酸が固定していると考えられる．このためこのようなサイトでは突然変異の多くは有害となり，f_0 が小さくなる（制約が強い）．一方重要でないところでは淘汰も弱く，その場所にどの塩基もしくはアミノ酸があっても適応度があまり変わらないので，f_0 が大きくな

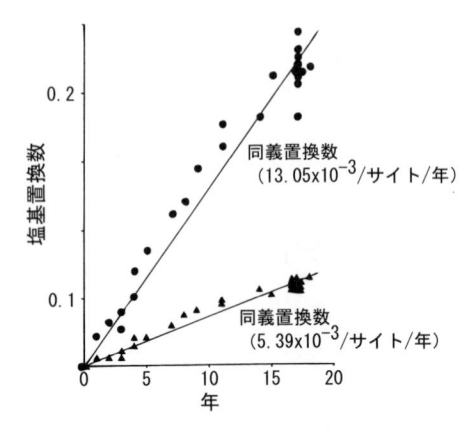

図 8.12 インフルエンザウィルス A の H3 ヘマグルティニン遺伝子の進化速度. Gojobori et al. [8] より改図

ると考えられる（制約が弱い）. このことと式 8.6 から，重要でないところほど進化速度は高くなる，と言う予想が導かれる. 自然淘汰説の立場ではむしろ逆で，重要なところほど適応的置換が起こりやすく進化速度が高くなると予想される. 中立説の予想がどれほど当てはまっているかについて，次に例を挙げて述べる.

(1) インスリン遺伝子の進化速度

インスリンは血糖値の調節に関わるタンパクである. その合成では，翻訳直後にできるプレプロインスリンがプロインスリンとなった後，図 8.13 にあるようなプロセッシングを経て活性を持つインスリンが出来上がる. プロセッシングでは図にあるように 3 つの部分 A，B，C からなるプロインスリンから真ん中の部分 C が捨てられ，A，B が結合されて活性を持つインスリンになる. A，B は活性を持つ部分なので重要だが，C の部分は切り捨てられるだけなので重要性は低いと考えられる. そこで活性部分 (A，B) と C で進化速度を比較すると，前者では 0.4×10^{-9} /アミノ酸/年，後者は 2.4×10^{-9} /アミノ酸/年となり，重要でないと考えられる部分での進化速度が高いことが示された（木村 [7]）.

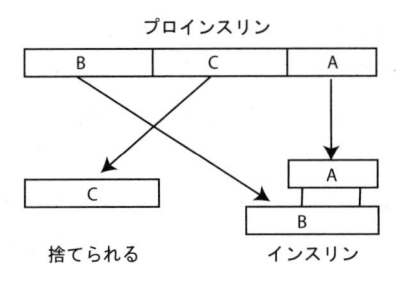

図 8.13 インスリンタンパクのプロセッシング

（2）同義置換・非同義置換・偽遺伝子

遺伝暗号表（表3.1）を見ると，アミノ酸を変化させない塩基置換があることがわかる．このような置換を同義置換，アミノ酸を変える塩基置換を非同義置換と呼ぶ．遺伝暗号表から，このような変化はコドンの3番目の場所でよく起こることがわかる．さてアミノ酸が変わらなければ合成されるタンパクは変化しないので，同義置換が起こるような場所は重要性が低い場所と考えられる．つまり $f_0 \approx 1$ と考えられる．そこで非同義塩基サイトと同義塩基サイトでの進化

表 8.4 同義・非同義サイトと偽遺伝子での進化速度（$\times 10^{-9}$/サイト/年）．Li [9] の表7．1より作成．

遺伝子	非同義置換速度	同義置換速度
ヒストン4	0.00	3.94
アクチン α	0.01	2.92
α グロビン	0.56	4.38
アミラーゼ	0.63	3.42
免疫グロブリン κ	2.03	5.56
γ インターフェロン	3.06	5.50
グロビン偽遺伝子	4.60	4.60

速度の比較が行われてきた．表8.4に幾つかの遺伝子での例を示してある．この表のどの遺伝子においても同義置換速度 (d_S) が非同義置換速度 (d_N) を上回り ($d_N \leq d_S$)，中立説の予測によく合っ

ている.このようなパターンはこれ以外のほとんどの遺伝子でも見らる.さて表の最後にある偽遺伝子(pseudogene)であるが,これは遺伝子重複が起きた後不要となって使われなくなった遺伝子である.この場合どの塩基への置換が起こっても生体への影響はないはずなので,$f_0 = 1$,つまり進化速度は最大のu_Tとなると予測される.実際,表にあるように偽遺伝子での進化速度は非常に高い.

演習問題 8.3 遺伝子の配列がわかったとき,使われなくなった偽遺伝子かどうかを進化速度を使って見分ける方法を述べなさい.

ここで述べた例以外にも中立説の予測とよく合う分子データは数多く得られている.

8.2.3 適応進化遺伝子の探索

例えばヒトとチンパンジーでゲノムを較べると約1%の3000万塩基が異なっている(The Chimpanzee Sequencing and Analysis Consortium [10]).これらが全て2種の分岐後自然淘汰によって適応的に変化したとは考えにくく,多くの塩基置換は中立的進化によるものと思われる.この見方に立って,中立説の予測から外れた遺伝子を探すことにより,適応進化をしている遺伝子を探索する試みが最近多く行われている.6章の最後に集団遺伝学的データに基づいたこのような試みを紹介したが,ここでは分子進化学的データを使った試みの幾つかを紹介する.

1. 同義・非同義置換速度の比較

中立説のもとでは非同義置換では$f_0 \leq 1$,同義置換では$f_0 \approx 1$と予測されるので,非同義置換速度d_Nと同義置換速度d_Sの間には$d_N \leq d_S$の関係が成り立つはずである.そこで$d_N > d_S$となる遺伝子を探せば,適応的に進化している遺伝子が見つかるはずである.Hughes and Nei [11] はこのような考えに基づいて,主要組織適合遺伝子複合体(MHC)遺伝子座での分子進化を調べた.この遺伝子の産物は生体に入ってくる異物を認識する役割をしており,特に抗原認識部位と呼ばれる部分は病原体と

の相互作用によって適応進化していることが予想された.そこで彼らは d_S, d_N の推定を,抗原認識部位とその他の部分に分けて行った.その結果の一部を表 8.5 に示してある.この表から,どの遺伝子でも抗原認識部位では $d_N/d_S > 1$ となっており,しかも $MHC-A$ と $MHC-B$ では,有意にそうなっていることがわかる.一方それ以外の部分では,MHC 以外の遺伝子と同じように $d_N/d_S \leq 1$ となっている.

表 **8.5** 1.ヒト MHC 遺伝子座の分子進化. d_N と d_S の差の有意性を*で記している.

遺伝子座	抗原認識部位		それ以外の部分	
	d_S	d_N	d_S	d_N
$MHC-A$	3.5±2.0	13.3±2.2***	2.5±1.2	1.6±0.5
$MHC-B$	7.1±3.1	21.9±3.5**	6.9±2.0	2.4±0.7*
$MHC-C$	3.8±2.5	8.8±2.2	10.4±2.8	4.8±1.1

MHC の場合は適応進化が起こっていそうな領域(抗原認識部位)をタンパクの構造解析から決めることが出来たので,このようなはっきりとした結果が得られた.しかし適応に関与している部分を前もって推測することが難しい場合,部分的には $d_N/d_S > 1$ となっているにもかかわらず,全体としては $d_N/d_S \leq 1$ となっているような適応進化遺伝子を見つけることは出来ない.そこで統計的手法により $d_N/d_S > 1$ となっている部分を見つけ出すような方法も幾つか開発されている(例えば Yang [12] 参照).これらの方法を使って,現在までに $d_N/d_S > 1$ となっている遺伝子座が多く見つかっている.これまでのデータでは,生殖や MHC のような耐病性に関与する遺伝子で,このような適応進化の候補が見つかることが多いようである.

2.**種内変異と種間変異を使ったテスト**

2 つの種 A,B からそれぞれ複数の個体をサンプルしてあるタンパクをコードする遺伝子の配列を決め,配列データ $A_1, A_2, \ldots, B_1, B_2, \ldots$ を得たとしよう(図 8.14 左).組換えがないと仮定すると,図に示してあるようにこれらの配列はひとつの系図関係を持ち,配列間の変異はこの系

図中に起こる突然変異によるものと考えられる．この系図を使って，突然変異を，1) 非同義か同義か，2) 種内で起こったものか（図では四角で囲ってある，polymorphic）種間で起こったものか（図では楕円で囲ってある，fixed），に分類することができる．McDonald and Kreitman [13] は，もし同義・非同義置換とも中立に起こっているとすると，種内と種間で同義と非同義の比が同じになると言う予測をたてた．これは中立突然変異であれば系図の中のどの部分でも一定の率で起こることによる．これをテストするためには，図の右のような2×2の表を作り，独立性の検定を行えばよい．このテストを McDonald Kreitman テストと呼ぶ．

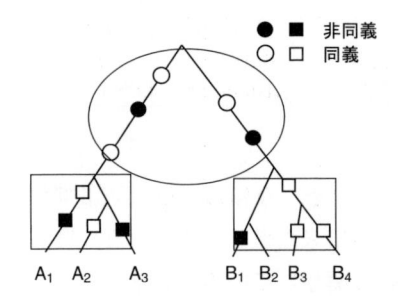

図 **8.14** McDonald and Kreitman テスト

彼らはキイロショウジョウバエとその近縁種でアルコール脱水素酵素遺伝子座（*Adh*）のデータにこのテストを適用し，表8.6のような結果を得た．比の値は有意に異なり，種間での非同義置換が種内での非同義変異から予想されるより多いことが示された．彼らは *Adh* 遺伝子座で種間に適応的非同義置換が起こったために，このような結果が得られたと結論した．

MdDonald Kreitman テストは d_N/d_S 比が系図の中で変化しているかどうかをテストしており，必ずしも適応的進化が起こった場合のみに有意な結果が得られる訳ではない．例えば，何らかの原因により種内で非同義置換に対する負の淘汰が強くなっても，*Adh* データのような結果が得

表 8.6 ショウジョウバエ Adh 遺伝子座に置ける McDonald Kreitman テスト結果 [13]

	fixed	polymorhic
非同義	7	2
同義	17	42

$P = 0.006$

られる．このため，適応進化を示すテストとしては MdDonald Kreitman テストは前に述べた d_N/d_S 比が 1 を超えるかどうかのテストより弱いテストと言える．

3. 分子レベルの収斂進化

虫と鳥の羽やイルカと魚のひれ等の形態における収斂進化（convergent evolution）は，適応進化の証拠と考えられている．そこで分子レベルでもこのような収斂進化が見つかれば，適応進化が示唆されると考えられる．Stewart et al. [14] は，植物を自分の前胃中でバクテリアに消化させそのバクテリアを消化することによって草食性となっている哺乳類の2系統，ウシとヤセザル，でバクテリアの消化酵素であるリゾチーム（lysozyme）遺伝子を調べて，分子レベルでの収斂進化を見つけた．図 8.15 にニワトリを外群とした哺乳類の概略系統樹と，ヤセザルとウシで起こったアミノ酸変化を示してある．この図にあるように，両者の系統で，14, 21, 75, 87 番目のアミノ酸サイトで同じアミノ酸への置換が起こっている．この

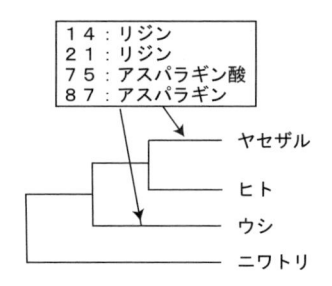

図 8.15 リゾチーム遺伝子に見られた収斂進化

2系統のリゾチームは酸性の胃の中でバクテリアを消化できるように，独立に同じアミノ酸への置換を起こし適応進化したと考えられている．

　中立説が主張するように大半の分子レベルの進化が淘汰によらず起こるとすると，適応進化が起こった遺伝子を中立予測からずれた振る舞いをする遺伝子として探し出すことができる．この意味で，中立説は遺伝情報データを解析するひとつの枠組みを与えると言うことができる．この章で述べた分子進化的方法や，前章で述べた集団遺伝学的方法を使って大量に集積しつつある遺伝子情報を解析することにより，生物の適応的多様化に寄与した遺伝子を同定して行くことができるだろう．このようなアプローチ，特にヒト関連研究の最近の動向については Sabeti et al. [15] の総説が参考になる．

参考文献

[1] Saitou, N. and Nei, M.: The neighbor-joining method: a new method for reconstructing phylogenetic trees. *Moleuclar Biology and Evolution*, 4, 406-425, 1987.
[2] Iwabe, N., Kuma, K., Hasegawa, M., Osawa, S. and Miyata, T.: Evolutionary relationship of archaebacteria, eubacteria, and eukaryotes inferred from phylogenetic trees of duplicated genes. *Proceedings of the National Academy of Sciences of the USA*, 86, 9355-9359, 1989.
[3] Horai, S., Hayasaka, K., Kondo, R., Tsugane, K. and Takahata, N.: Recent African origin of modern humans revealed by complete sequences of hominoid mitochondrial DNAs. *Proceedings of the National Academy of Sciences of the USA*, 92, 532-536, 1995.
[4] 木村資生著:『生物進化を考える』岩波新書, 1988 年 4 月.
[5] 太田朋子著:『分子進化のほぼ中立説:偶然と淘汰の進化モデル』(ブルーバックス) 講談社, 2009 年 5 月.
[6] Kimura, M.: Evolutionary rate at the molecular level. *Nature*, 217, 624-626, 1968.
[7] 木村資生著:『分子進化の中立説』紀伊国屋書店, 1986 年 10 月.
[8] Gojobori, T., Moriyama, E. N. and Kimura, M.: Molecular clock of viral evolution, and the neutral theory. *Proceedings of the National Academy of Sciences of the USA*, 87, 10015-10018, 1990.
[9] Li, Wen-Hsiung.: *Molecular Evolution*. Sinauer Associates, 1996.
[10] The Chimpanzee Sequencing and Analysis Consortium.: Initial sequence of the chimpanzee genome and comparison with the human

genome. *Nature*, 437, 69-87, 2005.

[11] Hughes, A. L. and Nei, M.: Pattern of nucleotide substitution at major histocompatibility complex class I loci reveals overdominant selection. *Nature*, 335, 167-170, 1988.

[12] Yang, Z.: *Computational Molecular Evolution*. Oxford University Press, 2006.

[13] McDonald, J. H. and Kreitman, M.: Adaptive protein evolution at the Adh locus in Drosophila. *Nature*, 351, 652-654, 1991.

[14] Stewart, Caro-Beth., Schilling, J. W. and Wilson, A. C.: Adaptive evolution in the stomach lysozymes of foregut fermenters. *Nature*, 330, 401-404, 1987.

[15] Sabeti, P. C., Schaffner, S. F., Fry, B., Lohmueller, J., Varilly, P., Shamovsky, O., Palma, A., Mikkelsen, T. S., Altshuler, D. and Lander, E. S.: Positive natural selection in the human lineage. *Science*, 312, 1614-1620, 2006.

第9章 バイオマーカー間の関連と予後への影響の評価

9.1 解析の目的:乳癌における YB1 の核内局在と EGFR family との関連および予後との関連

　本章と次章では，これまでの章とは大きく話題を変え，癌研究における分子標的マーカーの探索研究に現れる実際の統計解析の実例について，統計解析の方法の詳細を解説する．取り扱うデータは，著者のひとりが，九州大学医学部桑野信彦教授を中心とするグループと共同で実施している研究で扱ったデータである．本章では，YB1 と呼ばれる蛋白質の発現が予後にどのように関連するかを検討することを目的として集められた乳癌症例のデータを取り扱う．

　このデータは 1993 年から 1999 年の間に，久留米大学医学部において手術を受けた乳癌患者 73 例からなる．YB1 は抗癌剤に対する多剤耐性に関連する遺伝子に深い関連をもつ蛋白質であり，抗癌剤あるいは放射線療法により引き起こされた DNA の障害を修復する機能を有する．その結果として広範な抗癌剤における多剤耐性に関わる蛋白質である．YB1 は細胞質に高発現することもあるが，核に高発現する場合がある．核に高発現している場合を核内局在と呼び，YB1 の核内局在が，乳癌症例の予後にどのように影響しているかを明らかにするのが統計解析の目的である．ところで，YB1 以外にも乳癌症例の予後を規定するバイオマーカーが存在する．HER2 が腫瘍細胞の表面に過剰発現している症例は，一般に予後が不良であることが知られている．一方で，HER2 は抗悪性腫瘍薬であるハーセプチンの標的分子であり，HER2 が過剰発現している症例にはハーセプチンが有効であることが知られている．また，エストロゲンレセプター $ER\alpha$，$ER\beta$ なども予後に影響することが知られている．研究の目的は，YB1 の核内局在が，他のバイオマーカーとどの

ように関連しているかを明らかにし，また，予後にどのように影響するかを評価することにある．いくつかのバイオマーカー間に関連が示唆される場合，いずれか単一のバイオマーカーが予後を完全に規定していると考えるのは不自然で，むしろ，互いに関連して発現量が変化し，それぞれが，様々な役割を担い，その結果として予後に影響すると考える方が自然であろう．このような考えに立った場合，広く用いられている回帰分析の方法は必ずしも自然な方法とはいえないと考えられる．本章では，主成分回帰ならびにグラフィカルモデリングによる統計解析の事例 (Fujii et al.[1]) を以下で紹介する．

9.2 統計学的準備

本節では，乳癌データからはいったん離れて，一般的な枠組みで，以降必要となる統計手法の基礎事項についての説明を行う．

9.2.1 主成分分析

主成分分析とは，統計学のなかでも多変量解析を呼ばれる一連の統計的方法の代表的な方法である．多変量解析という呼び名から連想されるように，各症例に対して複数の変数を観察し，分析する方法である．解析するデータに含まれる症例数を n とし，各症例に対し，p 個の変数の測定値が得られているものとする．p 個の変数があるわけだが，それらが互いに関連している場合には，必ずしも p 個の自由度を持って変動していない場合もありえる．例えばあるひとつの変数が変わると，他の全ての変数もそれに伴って変動するような場合には，p 個の変数があるものの，それらの変動はひとつの変数で考えることと同じということになる．主成分分析は p が大きい場合に特に重要であるが，以下では説明を簡単にするために，はじめに $p=2$ の場合を考えることとする．2個の変数 $X^{(1)}, X^{(2)}$ が測定されているものとし，これらをまとめて，ベクトルで

$$\mathbf{X} = \begin{pmatrix} X^{(1)} \\ X^{(2)} \end{pmatrix}$$

と表記することとする．$\mathbf{X}$ の各成分間は必ずしも独立ではないと考える．つ

まり，$X^{(1)}, X^{(2)}$ は必ずしも互いに独立ではないとする．(第1) 主成分は原点を通る直線で表され，

$$Y^{(1)} = \alpha_1 \times X^{(1)} + \alpha_2 \times X^{(2)} \tag{9.1}$$

と表すことができる．$X^{(1)}$ の分散 $\mathrm{Var}(X^{(1)})$ を σ_1^2，$X^{(2)}$ の分散 $\mathrm{Var}(X^{(2)})$ を σ_2^2，$X^{(1)}$ と $X^{(2)}$ の共分散 $\mathrm{Cov}(X^{(1)}, X^{(2)})$ を σ_{12} とおく．これらは未知であるが，しばらくは既知として話を進めることとする．問題はいかに α_1 と α_2 を求めるかということになる．$Y^{(1)}$ の分散は，

$$\begin{aligned}
\mathrm{Var}(Y^{(1)}) &= \mathrm{Var}(\alpha_1 \times X^{(1)} + \alpha_2 \times X^{(2)}) \\
&= \alpha_1^2 \mathrm{Var}(X^{(1)}) + 2\alpha_1\alpha_2 \mathrm{Cov}(X^{(1)}, X^{(2)}) + \alpha_2^2 \mathrm{Var}(X^{(2)}) \\
&= \alpha_1^2 \sigma_1^2 + 2\alpha_1\alpha_2 \sigma_{12} + \alpha_2^2 \sigma_2^2
\end{aligned} \tag{9.2}$$

となることが，分散の計算公式によりわかる．**第1主成分 (the first principal component)** とは，図9.1のように各症例を最もよく区別するような直線 (9.1) のことである．主成分分析はこのような $Y^{(1)}$ を新たな x 軸，それと直交する軸（**第2主成分 (the second principal component)** と呼ばれる）を新たな y 軸と考え，新たな座標に基づいてデータの分析を行うことである．$Y^{(1)} = \alpha_1 \times X^{(1)} + \alpha_2 \times X^{(2)}$ は，2つの変数 $X^{(1)}, X^{(2)}$ から単一の変数 $Y^{(1)}$ を作成していることになるが，α_1 と α_2 を変えることで，様々な変数を定義することができる．このうち，単一の $Y^{(1)}$ でもっとも各症例を区別できる変数を決めることが第1主成分を決めることに他ならず，それには $\mathrm{Var}(Y^{(1)})$ が最大になるように α_1 と α_2 を決めればよいことになる．

ところが，実際には $Y^{(1)}$ の分散は α_1 と α_2 の絶対値を大きくすることで，いくらでも大きくすることができるので，α_1 と α_2 を決定することはできない．問題となるのは軸の方向のみであるので，$\alpha_1^2 + \alpha_2^2 = 1$ という条件をつけた上で最大化すれば十分である．したがって，問題は α_1 と α_2 の2変量関数

$$f(\alpha_1, \alpha_2) = \alpha_1^2 \sigma_1^2 + 2\alpha_1\alpha_2 \sigma_{12} + \alpha_2^2 \sigma_2^2$$

を（制約）条件

$$\alpha_1^2 + \alpha_2^2 = 1$$

のもとで最大化すればよいことになる．このような制約つきの関数の最大化はラグランジュの未定乗数法と呼ばれる方法により行うことが可能である．本書の目的は主成分分析の基本的な考え方を示すことにあるので，ラグランジュ未定乗数法には深入りしないこととする．関心のある読者は，例えば高橋 [2] などの多変数関数の微積分を扱った教科書や，塩谷 [3] などの統計的多変量解析の教科書を参照されたい．

さて，第 1 主成分を求める考え方を示したが，$X^{(1)}$ と $X^{(2)}$ の 2 つの変数で 2 次元にばらついている変動が単一の変量 $Y^{(1)}$ によっては一般には説明尽くされない．第 1 主成分は，単一の変量のうち，もっとも $X^{(1)}$ と $X^{(2)}$ の変動を説明するように構成したに過ぎない．$X^{(1)}$ と $X^{(2)}$ の変動を説明し尽くすには，図 9.1 のように第 1 主成分と直交する軸 $Y^{(2)}$ を考えてやればよい．この軸のことを第 2 主成分と呼ぶ．第 2 主成分は以下のように求めることができる．第一主成分を $Y^{(1)} = \alpha_1 \times X^{(1)} + \alpha_2 \times X^{(2)}$ と書き，第 2 主成分を $Y^{(2)} = \beta_1 \times X^{(1)} + \beta_2 \times X^{(2)}$ と書くこととする．いま，第 1 主成分の係数 (α_1, α_2) が上述の方法により求められているものとする．$Y^{(2)}$ の分散は，

$$\mathrm{Var}(Y^{(2)}) = \mathrm{Var}(\beta_1 \times X^{(1)} + \beta_2 \times X^{(2)}) \tag{9.3}$$

$$= \beta_1^2 \sigma_1^2 + 2\beta_1 \times \beta_2 \sigma_{12} + \beta_2^2 \sigma_2^2 \tag{9.4}$$

となる．第 1 主成分の場合と同様にして，$\beta_1^2 + \beta_2^2 = 1$ という制約をつけて考えておけばよい．第 2 主成分 $Y^{(2)}$ は第 1 主成分 $Y^{(1)}$ と直交するので，

$$\mathrm{Cov}(Y^{(1)}, Y^{(2)}) = 0$$

を満たす $Y^{(2)}$ のうち，(9.4) を最大にする変数として定義される．つまり，第 1 主成分 $Y^{(1)}$ で説明されない変動を，単一の変数で最も説明する変数が第 2 主成分である

$$0 = \mathrm{Cov}(Y^{(1)}, Y^{(2)}) = \mathrm{Cov}(\alpha_1 \times X^{(1)} + \alpha_2 \times X^{(2)}, \beta_1 \times X^{(1)} + \beta_2 \times X^{(2)})$$
$$= \alpha_1 \beta_1 \mathrm{Var}(X^{(1)}) + (\alpha_1 \beta_2 + \alpha_2 \beta_1) \mathrm{Cov}(X^{(1)}, X^{(2)}) + \alpha_2 \beta_2 \mathrm{Var}(X^{(2)})$$

$$= \alpha_1\beta_1\sigma_1^2 + (\alpha_1\beta_2 + \alpha_2\beta_1)\sigma_{12}^2 + \alpha_2\beta_2\sigma_2^2$$

となる．したがって，第2主成分を求めるには，

$$f(\beta_1, \beta_2) = \mathrm{Var}(\beta_1 \times X^{(1)} + \beta_2 \times X^{(2)})$$
$$= \beta_1^2\sigma_1^2 + 2\beta_1\beta_2\sigma_{12} + \alpha_2^2\sigma_2^2$$

を，制約

$$\beta_1^2 + \beta_2^2 = 1$$
$$\alpha_1\beta_1\sigma_1^2 + (\alpha_1\beta_2 + \alpha_2\beta_1)\sigma_{12}^2 + \alpha_2\beta_2\sigma_2^2 = 0$$

のもとで最大化すればよいことになる．この制約付き最大化問題もやはりラグランジュの未定乗数法により求めることができる．

さて，上では主成分がラグランジュ未定乗数法により決定できることの概略を説明したが，この制約付き最大化問題は以下のように，分散共分散行列の固有値・固有ベクトルを求める問題と深く関係している．最大化する関数 (9.2) は，

$$f(\alpha_1, \alpha_2) = \begin{pmatrix} \alpha_1, \alpha_2 \end{pmatrix} \begin{pmatrix} \sigma_1^2 & \sigma_{12} \\ \sigma_{12} & \sigma_2^2 \end{pmatrix} \begin{pmatrix} \alpha_1 \\ \alpha_2 \end{pmatrix}$$

と行列の2次形式で表現できる．ここで，

$$\Sigma = \begin{pmatrix} \sigma_1^2 & \sigma_{12} \\ \sigma_{12} & \sigma_2^2 \end{pmatrix}$$

とおく．これは $(X^{(1)}, X^{(2)})$ の分散共分散行列と呼ばれるものである．数学的な導出は省略するが，Σ の固有値・固有ベクトルと主成分には密接な関係が存在する．

その関係を述べる前に，行列の固有値・固有ベクトルの定義を確認しておこう．行列

$$A = \begin{pmatrix} a & b \\ c & d \end{pmatrix}$$

に対して，ある数 λ とベクトル $u = (u_1, u_2)^T$ の間に，

$$Au = \lambda u$$

なる関係があるとき，λ を A の固有値といい，u を λ に対応する固有ベクトルという．ただし，u は零ベクトル $(0,0)^T$ ではないとする．ここで，わざわざ「λ に対応する」と書いたのは，行列 A に対して，固有値は一般的には複数存在し，固有ベクトルはそれぞれに対して定義されるからである．固有値・固有ベクトルを具体的にどのように求めるかは省略するが，興味ある読者は宮岡他 [4] などの線形代数の教科書を参照されたい．

さて，行列 Σ の固有値を λ_1, λ_2 とし，大きい方を λ_1 とし，小さい方を λ_2 とする．λ_1 に対応する固有ベクトルを $u_1 = (v_1, w_1)^T$ とし，λ_2 に対応する固有ベクトルを $u_2 = (v_2, w_2)^T$ と書くことにする．以下の性質が成り立つ．

1. 第 1 主成分に対応する係数 (α_1, α_2) は，大きい方の固有値 λ_1 に対応する固有ベクトル (v_1, w_1) に他ならない（ただし，$v_1^2 + w_1^2 = 1$ と長さを 1 としておく）．また，$\lambda_1 = Var(Y_1)$ となる．
2. 第 2 主成分に対応する係数 (β_1, β_2) は，小さい方の固有値 λ_2 に対応する固有ベクトル (v_2, w_2) に他ならない（ただし，$v_2^2 + w_2^2 = 1$ と長さを 1 としておく）．また，$\lambda_2 = Var(Y^{(2)})$ となる．

第 1 主成分と第 2 主成分の和は全体の変動を表すが，第 1 主成分だけで全体の変動のどの程度を説明しているかを示す指標

$$\frac{Var(Y^{(1)})}{Var(Y^{(1)}) + Var(Y^{(2)})} = \frac{\lambda_1}{\lambda_1 + \lambda_2}$$

は**寄与率 (contribuution rate)** と呼ばれる．この値が大きい（例えば 80% を超えるなど）とすると，2 つの変数 $X^{(1)}$ と $X^{(2)}$ があるものの，両者は互いに強く関連しており，実際には 1 次元的な変動をしていると解釈される．第 1 主成分が，その 1 次元的な変動を表している何らかの構造を表している変数と考えられるが，それが変数間に内在するどういったものであるかを解釈

する必要がある．各主成分 $(Y^{(1)}, Y^{(2)})$ と主成分を計算するために用いた変数 $(X^{(1)}, X^{(2)})$ の間の相関を因子負荷量という．主成分の解釈は，$X^{(1)}, X^{(2)}$ の意味を考慮しつつ，因子負荷量を検討することにより行う．第 k 主成分と $X^{(j)}$ の間の因子負荷量を r_{kj} と書くことにする．導出は省略するが，例えば，第 1 主成分 $Y^{(1)}$ と $X^{(j)}$ の間の因子負荷量は

$$r_{1j} = \sqrt{\frac{\lambda_1}{\sigma_{jj}}} \alpha_j$$

により求めることができる．同様にして，第 2 主成分と $X^{(j)}$ の間の因子負荷量は,,

$$r_{2j} = \sqrt{\frac{\lambda_2}{\sigma_{jj}}} \beta_j$$

により求めることができる．

ここまでの議論では，$X^{(1)}$ の分散 σ_1^2，$X^{(2)}$ の分散 σ_2^2，$X^{(1)}$ と $X^{(2)}$ の共分散 σ_{12} を既知として進めてきたが，実際にはこれらの値は未知であり，データから推定することになる．n 人の症例からデータを得ているものとし，症例 i のデータを $(X_i^{(1)}, X_i^{(2)})^T$ と書くことにする．σ_1^2, σ_2^2 および σ_{12} の値を標本分散あるいは標本共分散により推定する．すなわち，

$$\bar{X}^{(1)} = \frac{1}{n} \sum_{i=1}^{n} X_i^{(1)}$$

$$\bar{X}^{(2)} = \frac{1}{n} \sum_{i=1}^{n} X_i^{(2)}$$

とし，

$$\hat{\sigma}_1^2 = \frac{1}{n-1} \sum_{i=1}^{n} (X_i^{(1)} - \bar{X}^{(1)})^2$$

$$\hat{\sigma}_2^2 = \frac{1}{n-1} \sum_{i=1}^{n} (X_i^{(2)} - \bar{X}^{(2)})^2$$

$$\hat{\sigma}_{12} = \frac{1}{n-1} \sum_{i=1}^{n} (X_i^{(1)} - \bar{X}^{(1)})(X_i^{(2)} - \bar{X}^{(2)})$$

により標本分散共分散行列を

$$\hat{\Sigma} = \begin{pmatrix} \hat{\sigma}_1^2 & \hat{\sigma}_{12} \\ \hat{\sigma}_{12} & \hat{\sigma}_2^2 \end{pmatrix}$$

として，Σの代わりに，$\hat{\Sigma}$を用いることで，主成分を計算することができる．求めた主成分に，各症例のデータ$(X_i^{(1)}, X_i^{(2)})$を代入して得られる

$$Y_i^{(1)} = \alpha_1 \times X_i^{(1)} + \alpha_2 \times X_i^{(2)}$$
$$Y_i^{(2)} = \beta_1 \times X_i^{(1)} + \beta_2 \times X_i^{(2)}$$

を主成分スコアという．

以上の議論は，説明が簡単となるように$p=2$の場合を考えたが，2つ以上の変数がある場合にも同様にして考えることができる．一般にp個の変数があるとして，$X^{(1)}, X^{(2)}, \ldots, X^{(p)}$としておく．それらの線形和

$$Y = \sum_{j=1}^{p} \alpha_j X^{(j)}$$

のうち，分散を最大にするものが第1主成分$Y^{(1)}$である．$Y^{(1)}$と相関がないY，つまり$\mathrm{Cov}(Y, Y^{(1)}) = 0$を満たす$Y$のうち，分散が最大になるものが第2主成分$Y^{(2)}$である．更に，$Y^{(1)}$と$Y^{(2)}$と相関がない，つまり，$\mathrm{Cov}(Y, Y^{(1)}) = 0$および$\mathrm{Cov}(Y, Y^{(2)}) = 0$を満たす$Y$のうち，分散が最大となるものが第3主成分$Y^{(3)}$である．以下同様にして，第$p$主成分まで考えられる．第$k$主成分$(k=1, 2, \ldots, p)$を

$$Y^{(k)} = \sum_{j=1}^{p} \alpha_j^{(k)} X^{(k)}$$

と書くこととする．

$$\sigma_k^2 = \mathrm{Var}(X^{(k)})$$
$$\sigma_{kl} = \mathrm{Cov}(X^{(k)}, X^{(l)})$$

とし，$(X^{(1)}, X^{(2)}, \ldots, X^{(p)})^T$の分散共分散行列を

$$\Sigma_p = \begin{pmatrix} \sigma_1^2 & \sigma_{12} & ... & \sigma_{1p} \\ \sigma_{21} & \sigma_2^2 & ... & \sigma_{2p} \\ .... & ..... & ... & ..... \\ \sigma_{p1} & \sigma_{p2} & ... & \sigma_p^2 \end{pmatrix}$$

とする．Σ の固有値を大きい順に $\lambda_1, \lambda_2, \ldots, \lambda_p$ とし，対応する固有ベクトルを $u_1, u_2, \ldots, u_p$ とする．すると，$p=2$ の場合に述べた固有値・固有ベクトルと主成分の関係に対応する性質が成り立つ．つまり，k 番目の固有値に対応する固有ベクトル u_k（ただし u_k の長さが 1 となるものとする）が第 k 主成分であり，$\lambda_k = \mathrm{Var}(Y^{(k)})$ が成り立つ．寄与率も $p=2$ の場合と同様にして，k 番目の主成分の寄与率が

$$\frac{\mathrm{Var}(Y^{(k)})}{\sum_{l=1}^p \mathrm{Var}(Y^{(l)})} = \frac{\lambda_k}{\sum_{l=1}^p \lambda_l}$$

により定義される．寄与率を第 1 主成分から順次累積した指標は累積寄与率と呼ばれる．例えば

$$\frac{\lambda_1 + \lambda_2 + \lambda_3}{\sum_{l=1}^p \lambda_l}$$

は，p 個のうち 3 つの主成分を用いて説明される変動の割合を示す指標である．例えばこの値が十分大きい（80% など）と，変数は p 個考えたものの，それらの間には関連があり，3 次元的な動きでほとんどが説明されると解釈される．つまり，p 個の変数の背後に 3 つの何らかの構造が潜んでいる可能性があることを示唆することになる．

また，第 k 主成分 $Y^{(k)}$ と $X^{(j)}$ の相関係数，つまり因子負荷量も，$p=2$ の場合と同様にして，

$$r_{kj} = \sqrt{\frac{\lambda_k}{\sigma_{jj}}} \alpha_j^{(k)} \tag{9.5}$$

により求めることができる．

以上の議論では $(X^{(1)}, X^{(2)}, \ldots, X^{(p)})^T$ の分散共分散行列 Σ をもとに主成分を構成しているが，もしも $X^{(1)}, X^{(2)}, \ldots, X^{(p)}$ の中で，極端にばらつきの

大きい変数が含まれていると，第1主成分はその変数の変動を捉えたものとなる．言い換えれば，変数の単位をより細かいもの，例えばメートルからセンチメートルに変更すると，その変数の寄与が大きくなることになる．このような単位の定義による不適切性に対処するひとつの方法は，各変数を分散が1になるように標準化することである．各変数の重要性は単位とは関係なく，相対的な位置で考えることになる．このような標準化した変数に対して主成分分析を行うことは，分散共分散行列 Σ の代わりに相関行列を用いることで行うことができる．

主成分分析は多変量解析を扱った教科書の多くで取り扱われていが，本節で省略した数学的導出を知るには，例えば塩谷 [3] などを参照するとよい．また，Rによる主成分分析については，Everitt[5] に解説がある．[図 9.1]

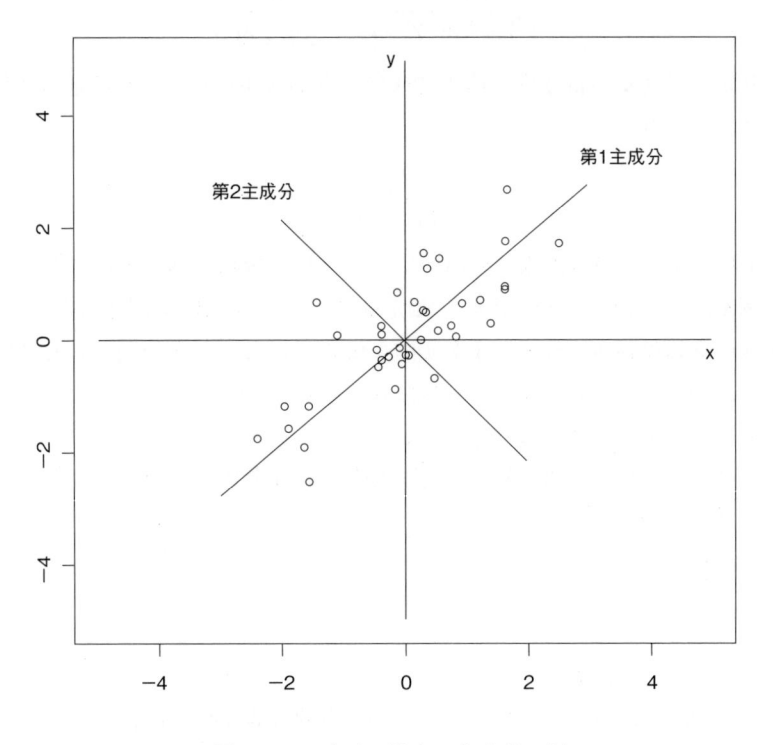

図 **9.1** 2次元の場合の主成分の例

9.2.2 グラフィカルモデリング

2つの確率変数 X と Y を考える．以降で示す統計解析ではいずれも2値確率変数の場合を扱うので，ここでも X と Y のいずれも2値確率変数であり，0あるいは1に値をとるものとして話を進める．X と Y の間に関連がないことを調べるには，統計的独立性を考えればよい．確率変数 X と Y が統計的に独立であるとは

$$\Pr(X=x, Y=y) = \Pr(X=x) \times \Pr(Y=y) \tag{9.6}$$

がすべての x, y について成り立つことであった．X と Y がいずれも2値変数のときには，両者が統計的に独立であることと，**オッズ比 (odds ratio)**

$$\frac{\Pr(X=1|Y=1)/\{1-\Pr(X=1|Y=1)\}}{\Pr(X=1|Y=0)/\{1-\Pr(X=1|Y=0)\}}$$

が1であることとが同値となる．χ^2 検定あるいは Fisher の直接法は，オッズ比が1であるという帰無仮説に対する検定法である．

以上の方法は変数が2つの場合であるが，他の変数も考慮したうえでの関連を議論する．X と Y に加えて，第3の2値確率変数 Z を考える．X と Y が関連している場合として，X, Y, Z のそれぞれが直接的に関連している場合や，あるいは，X が変わることにより Z が変わり，その結果として Z の変化により Y が変わる場合も考えられる．これらの関係を図9.2A および B のようにそれぞれ表すこととする．線が結ばれているのは，直接的な関係を示すものとする．図9.2A の場合には，X, Y, Z のいずれの組の間にも直接的な関連があることを示している．一方で，図9.2B は，X と Y は関連しているが，間に必ず Z を介していることを示している．いずれの図の場合においても，X と Y は関連しているが，関連の仕方は異なることになる．図9.2B の場合には Y は X および Z のいずれとも関連しているが，Z とのみ直接的に関連していることになる．つまり，X と Y の関連は Z を経由した関係と考えられる．その場合には，Z の状態を与えてしまえば，X と Y の間には関連がないことになる．統計学的には，Z を与えたもとで，X と Y が統計的に条件付き独立であることを意味している．条件付き独立性は，独立性の定義

(9.6) における確率 Pr(.) を，条件付き確率 Pr(.|Z = z) で置き換えることで定義される．条件付き独立性を検定するには，$Z = z$ で条件付けた**条件付きオッズ比 (conditional odds ratio)**

$$\frac{\Pr(X=1|Y=1,Z=z)/\{1-\Pr(X=1|Y=1,Z=z)\}}{\Pr(X=1|Y=0,Z=z)/\{1-\Pr(X=1|Y=0,Z=z)\}}$$

を考えればよい．条件付きオッズ比が 1 か否かを検討することで，$Z = z$ を与えた下で，X と Y が条件付き独立か否かが判断できる．このことは，ロジスティック回帰モデル

$$\log\frac{\Pr(X=1|Y=y,Z=z)}{1-\Pr(X=1|Y=y,Z=z)} = \alpha + \beta \times y + \gamma \times z$$

を当てはめて検討することができる．このモデルのもとでは，

$$\begin{aligned}&\log\frac{\Pr(X=1|Y=1,Z=z)/\{1-\Pr(X=1|Y=1,Z=z)\}}{\Pr(X=1|Y=0,Z=z)/\{1-\Pr(X=1|Y=0,Z=z)\}\}}\\&=\log\frac{\Pr(X=1|Y=1,Z=z)}{1-\Pr(X=1|Y=1,Z=z)}-\log\frac{\Pr(X=1|Y=0,Z=z)}{1-\Pr(X=1|Y=0,Z=z)}\\&=(\alpha+\beta+\gamma\times z)-(\alpha+\gamma\times z)=\beta\end{aligned}$$

となり，β が $Z = z$ を与えたもとでの条件付き対数オッズ比となる．したがって，ロジスティック回帰モデルの最尤推定量に基づいて帰無仮説 $\beta = 0$ を検定すればよい．同じようにして，γ は $Y = y$ を与えたもとでの，X と Z の間の条件付対数オッズ比であることがわかる．β が統計的に有意である場合には，$Z = z$ を与えたとしても X と Y が独立でないと解釈される．このような場合には，X と Y の間には直接的な関係があると解釈される．同様にして，γ が統計的に有意である場合には，$Y = y$ を与えたもとで X と Z は条件付き独立でなく，直接的な関係があると考えられる．このようにして，ある確率変数の組に対して，それらが他を与えたもとで条件付き独立でないときに線で結ぶことで，図 9.2 に示したような，直接的な関係を記述する図を作成することができる．このような頂点と辺からなる図はグラフと呼ばれ，統計的な方法で従属関係を記述するグラフを作成する方法はグラフィカルモデリングと呼ばれる．以上では 3 つの変数のみを考えたが，3 つ以上ある場合

も同様にして検討することができる．

グラフィカルモデリングについては宮川[6]に解説が与えられている．本書では宮川[6]で扱われている対数線形モデルによる方法ではなく，オッズ比ならびにロジスティック回帰による方法を用いた．オッズ比を初めとする離散データ解析に関する教科書として，柳川[7]やAgresti[8]などがある．[図9.2]

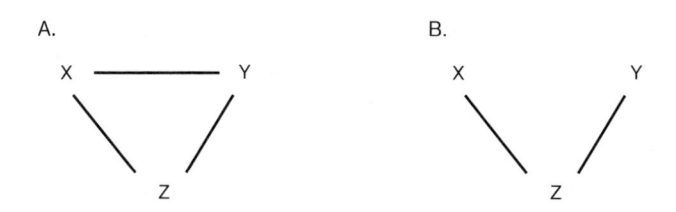

A.

X ——— Y
 \\   /
  \\ /
   Z

B.

X   Y
 \\   /
  \\ /
   Z

図 9.2　3変数間の関連の概念図：AはX,Y,Zがそれぞれ直接的に関連，BはX,Y,Zは関連しているが，XとYはZを介して関連している．

9.3　統計解析の結果

本節では，Fujii et al. [1]で行った主成分回帰ならびにグラフィカルモデリングによる解析結果を示す．

9.3.1　標準的な生存時間解析と問題点

本研究では多くの分子標的マーカーを対象としており，それらは互いに関連していると考えられる．更にマーカー間の関連がどのように予後に影響しているかに主たる関心がある．ここでは予後として生存期間を考える．複数の要因と生存時間の関連を調べる方法として，Cox比例ハザードモデルが頻繁に用いられる．解析するデータは乳癌症例73例から得られた手術時の背景情報と分子標的マーカーの評価結果ならびに手術日から死亡するまでの期間を含むデータである．最終観察時点で亡くなっていない症例は，打ち切りとして扱う．

表9.1に，解析するデータを5例分示した．変数 os は，亡くなった症例に

対しては手術から死亡までの期間，死亡していない症例に対しては，手術から最終の観察までの期間(打ち切り日)を含めたデータである．d_os は各症例が亡くなったか否かを示す変数で，亡くなっている場合には=1，亡くなっていない場合には=0 とする．また，解析するデータセットには，YB1, HER2, EGFR, ERα, ERβ, PgR, CXCR4, MVP, pAkt の9つのバイオマーカーの各症例での発現状況と，グレード ($Grade$)，腫瘍径 ($Tumor\_size$)，閉経状況 ($Meno$)，年齢 (Age)，リンパ節転移状況 ($meta\_lymph$) などの背景情報が含まれている．分子標的マーカの評価は，病理学的にスコア化されたものを用いた．例えばHER2 は 0 から 3 の 4 段階にスコア化されたものを更にスコアが 0 と 1 を 0, スコア 2 と 3 を 1 と 2 値化している．他の変数も 2 値化したものを用いている．研究の関心は YB1, HER2, EGFR, ERα, ERβ, PgR, CXCR4, MVP, pAkt の 9 つのバイオマーカーが生存に関連するかを調べることにあるが，この 9 つのバイオマーカーに 5 つの背景要因を併せた 14 変数を説明変数として含む Cox 比例ハザードモデルをまず当てはめてみよう．当てはめた結果を表 9.2 に示した．ERβ の項が有意であるが，YB1 は 5% 有意水準で有意ではなく，また，HER2 も有意ではなかった．

この解析には 2 つの問題点があると考えられる．ひとつは説明変数が多く，しかも変数間に関連があることから，推定が不安定になっている可能性がある点である．もうひとつの問題点は，研究の目的から考えて，結果が必ずしも解釈しやすいものとはいい難い点である．例えば，YB1 のハザード比は 0.39 と推定されているが，これは，他の 8 つの分子標的マーカーならびに 5 つの背景要因を固定したもとで，YB1 が高い症例に比べて，低い症例で死亡に対するハザードが約 3 倍高いことを意味している．このように回帰分析の結果は他の要因を固定した上で解釈されるものであるが，他の分子標的マーカーを固定したという意味が不明瞭である．そもそも各分子標的マーカーが何をとらえているか明確でない上に，分子標的マーカー間の関連も分からないからである．本研究では寧ろ分子標的マーカー間の関連を見出し，そのことと予後の関連を調べる点に主眼が置かれている．そのため，上記の解析は満足できるものではないと考えられる．

表 9.1 乳癌データのレイアウト

No	os	dlt_os	Age	Tumor_size	yb1	EGFR	HER2	...	pAkt
40	4185	1	68	2.3	0	0	0	...	0
73	1944	0	64	1.5	1	0	1	...	1
41	4034	1	47	1.9	1	1	0	...	1
67	1210	0	66	2	1	0	1	...	0
68	3121	1	55	2	0	1	0	...	0
.	.	.	.	.	.	.	.	...	.
.	.	.	.	.	.	.	.	...	.

表 9.2 Cox 回帰分析の結果

	β	se (β)	p	HR	95%CI (HR)
YB1	−0.94	0.49	0.055	0.39	0.15-1.02
HER2	−0.01	0.44	0.978	0.99	0.41-2.36
EGFR	−0.51	0.40	0.204	0.60	0.27-1.32
ERα	−0.34	0.50	0.505	0.71	0.27-1.92
PgR	−0.07	0.42	0.864	0.93	0.41-2.11
ERβ	−1.79	0.43	0.001	0.17	0.07-0.39
CXCR	0.24	0.34	0.483	1.27	0.65-2.50
MVP	−0.47	0.38	0.216	0.63	0.30-1.31
pAkt	−0.45	0.35	0.195	0.64	0.32-1.26
Grade	0.02	0.22	0.924	1.02	0.66-1.58
meta	0.98	0.35	0.005	2.68	1.35-5.30
meno	−0.82	0.50	0.102	0.44	0.17-1.18
age	0.01	0.02	0.774	1.01	0.97-1.05
tumor_size	−0.25	0.19	0.197	0.78	0.54-1.13

9.3.2 主成分 Cox 回帰の適用

YB1, EGFR, HER2, ER-α, ER-β などの間には互いに関連がある．このようなとき，これらの分子標的マーカー間にはなんらかの pathway が存在していて，その pathway に沿ってシグナル伝達が行われ，各種分子標的マーカーが担っている様々な役割の総合として，予後の悪化につながっていると考える方が自然である．本節では，そのような考え方に則った解析法を示す．この解析法を**主成分 Cox 回帰 (principal component Cox regression)** という．

考えかたは単純で，共変量を主成分で要約し，主成分を説明変数として Cox 回帰モデルに含め解析する．前述したとおり，分子標的マーカー間には互い

に関連があると考えられ，更には，グレード (*Grade*), 腫瘍径 (*Tumor_size*), 閉経状況 (*Meno*), 年齢 (*Age*), リンパ節転移状況 (*Meta_lymph*) などの予後要因にも影響すると考えられる．そのため，9つのバイオマーカーにこれらの背景要因を加えた14個の変数から主成分を構成する．主成分分析はSASではPRINCOMPプロシージャにより実行でき，また，Rではprincomp関数により実行することができる．以下ではRによる解析例を示す．ただし，左端に示した[P1]などは，プログラムの説明用に付した行番号で，実際のプログラムの際には不要である．ここでは，表9.1に示したデータをcsvファイルyb1.csvから読み込むものとする．以下に示すRコード9.1により，表9.3に示す主成分分析の結果を得ることができる．

Rコード9.1:主成分分析を行うRコード

```
[P1] data<-read.csv("G:\\hattoris\\textbook\\marker\\yb1.csv",
     header=T)
[P2] data1<-data[,c("yb1","HER2","EGFR","ESR1","PgR","ESR2",
     "CXCR4","MVP","pAkt","Grade", "meta_Lymph","Meno","Age",
     "Tumor_size")]
[P3] result1<-princomp(data1, cor=T)
[P4] summary(result1,loadings=T)
```

[P1] は表9.1に示したcsvファイルyb1.csvをR上に読み込む部分である．dataという名前のRのデータフレームと呼ばれる形式に読み込んでいる．csvファイルの読み込みはread.csv関数により行うことができ，その中でファイル名を指定することで，Rに読み込むことができる．表9.1に示したデータには1行目に変数名が含まれており，1行目をデータとしてではなく，変数名に用いることを指定するのが，header=Tの部分である．この"T"は"TRUE"の省略形で，header=TRUEと指定してもよい．[P2] は，dataに含まれる変数のうち，主成分分析に用いる変数のみに制限したデータdata1を作成している．[P3] がprincomp関数により主成分分析を行い，結果をresult1に格納している部分である．cor=Tの指定は，主成分分析を相関行列に基づいて

表 **9.3** R による主成分分析の結果：各主成分の寄与率と累積寄与率

```
Importance of components:
                        Comp.1  Comp.2  Comp.3  Comp.4  Comp.5
Standard deviation      1.7808  1.3216  1.1482  1.1210  1.0578
Proportion of Variance  0.2265  0.1248  0.0942  0.0898  0.0799
Cumulative Proportion   0.2265  0.3513  0.4455  0.5352  0.6151
                        Comp.6  Comp.7  Comp.8  Comp.9
Standard deviation      1.0272  0.9422  0.8882  0.8272
Proportion of Variance  0.0754  0.0634  0.0563  0.0489
Cumulative Proportion   0.6905  0.7539  0.8103  0.8591
                        Comp.10 Comp.11 Comp.12 Comp.13
Standard deviation      0.7485  0.7272  0.6748  0.4773
Proportion of Variance  0.0400  0.0378  0.0325  0.0163
Cumulative Proportion   0.8992  0.9369  0.9695  0.9857
                        Comp.14
Standard deviation      0.4469
Proportion of Variance  0.0143
Cumulative Proportion   1.0000
```

行うことを指定している．[P4] は reslut1 に格納された主成分分析の結果を summary 関数を用いて表示する部分である．その結果は表 9.3 のようになる．"Standard deviation" の行は各主成分の標準偏差を示しているが，前節で説明したとおり相関行列の固有値の平方根が大きい順に示されていることになる．"Proportion of Variance" の行が各主成分の寄与率であり，"Cumulative Proportion" が累積寄与率である．第 8 主成分までで累積寄与率が 81.0% になっていることがわかる．

各変数と各主成分との相関係数すなわち因子負荷量を算出するには公式 (9.5) に従えばよいが，そのためには以下の R コード 9.2 に示すプログラムを実行すればよい．

R コード 9.2:主成分分析を行う R コード (続)

[P5] factor_loading<-result1$loadings%*%diag(result1$sdev)

[P4] で作成した result1 にはいくつかの解析結果を格納したデータが格納されており，そのひとつの result1$loadings に主成分 $\alpha_j^{(k)}$ が格納されている．ま

表 9.4 R による主成分分析の結果：因子負荷量

	[,1]	[,2]	[,3]	[,4]	[,5]
yb1	-0.5926	0.3434	0.1290	-0.1333	0.3914
HER2	-0.3969	0.4634	-0.3845	0.2933	0.2289
EGFR	-0.0915	-0.3021	-0.2785	-0.5350	-0.0497
ESR1	0.6837	-0.3573	0.1780	0.0746	0.3735
PgR	0.4529	-0.4014	0.1561	-0.1942	0.5695
ESR2	0.2431	0.0750	-0.4920	-0.0855	-0.3022
CXCR4	0.4593	-0.1212	-0.2453	0.4774	0.0636
MVP	-0.0170	-0.4218	0.4124	0.4476	-0.4460
pAkt	-0.2134	0.4379	0.3701	0.3670	0.1324
Grade	-0.5570	-0.2770	0.0721	-0.2244	-0.2361
meta_Lymph	-0.5221	-0.0289	0.0514	-0.1543	0.1345
Meno	0.6179	0.5284	0.2781	-0.2781	-0.1535
Age	0.6070	0.5013	0.3179	-0.3003	-0.1916
Tumor_size	-0.5770	-0.1895	0.4742	-0.1065	-0.0342

た result1\$sdev には各主成分の標準偏差，つまり，固有値の平方根 $\sqrt{\lambda_i}$ が格納される．相関行列により主成分を構成しているので，$\sigma_{jj} = 1$ であることから，[P5] により (9.5) の公式により因子負荷量が計算できる．ただし，[P5] の diag 関数は各主成分の標準偏差がベクトルとして格納された result1\$sdev から，その成分を対角成分をする行列を作成する関数である．また，%*% は 2 つの行列の成分毎の掛け算を行う．結果は表 9.4 のようになる（第 6 主成分以降は省略した）．表 9.4 において，[,1] の列が第 1 主成分に対応し，第 1 主成分と各変数との相関係数が示されている．第 1 主成分と YB1 の間には-0.59 と負の相関があり，また HER2 との間には-0.40 と負の相関を持っていることがわかる．同様にして，ESR1,PgR, CXCR4 と正の相関をもつ変数である．また，Grade,リンパ節転移の有無,腫瘍径と負の相関がある．つまり，HER2 が陽性であり，YB1 が陽性であるほど第 1 主成分は小さくなる変数であり，第 1 主成分が小さいほど（すなわち YB1 が核に局在し，HER2 が過剰発現するほと），Grade が高く，リンパ節転移している傾向にあり，腫瘍径も大きいことになる．HER2 は乳癌において予後不良を示すマーカーであるとの報告が多くなされているが，それと整合する結果といえる．各主成分が分子標的マーカー間に存在する pathway を反映したものと解釈し，第 1

主成分は YB1, HER2, ESR1, PgR, CXCR4 間に介在する pathway の動きを反映したものと見なして，以降の解析を行うこととする．なお，pathway がどのようなものであるかを探索する試みを次節にて行う．

このような立場に立って，pathway の生存への影響を評価するために，求めた主成分を用いて，主成分 Cox 回帰を行おう．各症例の主成分は result1\$scores に出力されており，そのデータと生存期間データを結合したデータ data2 を作成することで，主成分 Cox 回帰を行うことができる．R のプログラムコードの例を R コード 9.3 に示す．

R コード 9.3:R による主成分 Cox 回帰

```
[P6] data2<-cbind(data,result1$scores)
[P7] coxprin<-coxph(Surv(os,d_os)~Comp.1+Comp.2+Comp.3+Comp.4+
     Comp.5+Comp.6+Comp.7+Comp.8,data=data2)
[P8] summary(coxprin)
```

主成分分析の結果は [P3] で result1 に格納したが，各症例の主成分スコア，すなわち，9.2.1 節における $Y^{(1)}, Y^{(2)}, \ldots$ が result1 の中の result1\$sdevscores に格納される．[P6] では，各症例の主成分スコア result1\$score と表 9.1 に示した形式のデータを，cbind 関数を用いて結合して，同一のデータに両者が含まれるようにしている．[P7] の Comp.1, ..., Comp.8 が [P3] の主成分分析で求めた第 1 から第 8 までの主成分スコア，つまり，各症例の主成分の値である．この解析では主成分をバイオマーカー間に介在する pathway の反映と見なす立場をとっているが，各症例の主成分スコアは，その pathway に沿ったシグナル伝達がその症例で生じているかを表すものと見なす．ある主成分が有意であれば，それに対応する pathway にそったシグナル伝達が予後に影響する可能性を示唆すると考えられる．結果は以下のようになった．表 9.5 より第 1 主成分と第 7 主成分が有意であった．各変数と第 1 主成分の関連ならびに第 1 主成分と生存期間の関連を図 9.3 にまとめた．第 1 主成分に対するハザード比は 1 より小さく，従って，第 1 主成分が大きいほど予後が良好ということを示している．YB1 が高発現し，HER2 が高発現する方が第 1 主成

表 9.5 R による主成分 Cox 回帰分析の結果

	coef	exp(coef)	se(coef)	z	p
Comp.1	-0.4191	0.658	0.161	-2.610	0.0091
Comp.2	0.1141	1.121	0.202	0.566	0.5700
Comp.3	0.2363	1.267	0.218	1.086	0.2800
Comp.4	0.0416	1.043	0.246	0.169	0.8700
Comp.5	0.3041	1.355	0.247	1.230	0.2200
Comp.6	0.3758	1.456	0.265	1.417	0.1600
Comp.7	0.7173	2.049	0.366	1.961	0.0500
Comp.8	-0.5172	0.596	0.319	-1.623	0.1000

	exp(coef)	exp(-coef)	lower .95	upper .95
Comp.1	0.658	1.521	0.480	0.90
Comp.2	1.121	0.892	0.755	1.66
Comp.3	1.267	0.790	0.827	1.94
Comp.4	1.043	0.959	0.644	1.69
Comp.5	1.355	0.738	0.835	2.20
Comp.6	1.456	0.687	0.866	2.45
Comp.7	2.049	0.488	1.000	4.20
Comp.8	0.596	1.677	0.319	1.11

分が小さくなり，グレードが高くなり，リンパ節転移しやすくなると解釈される．その場合に予後が悪くなることが主成分 Cox 回帰により示された．リンパ節転移あるいは腫瘍径の増大に関連し，その結果 Grade ならびに生存期間に影響するような pathway が，YB1, HER2, ESR1, PgR, CXCR4 間に存在することを連想させる．[図 9.3]

9.3.3 グラフィカルモデリングの適用

主成分分析の結果から，YB1, HER2, ESR1, PgR, CXCR4 間になんらかの関連があることが示唆されたが，グラフィカルモデリングを用いて，それらの間に，どのような直接的な関連と間接的な関連が示唆されるかを調べることとする．9.2.2 節で説明したように，関心のある 2 変数が，他の変数を条件付けた上で独立か否かを判断することで，2 変数間の直接的な関係を探索するのがグラフィカルモデリングであった．ここでは，logistic 回帰モデルを用いてその検討を行うこととする．今，YB1 と HER2 との関連を考えるこ

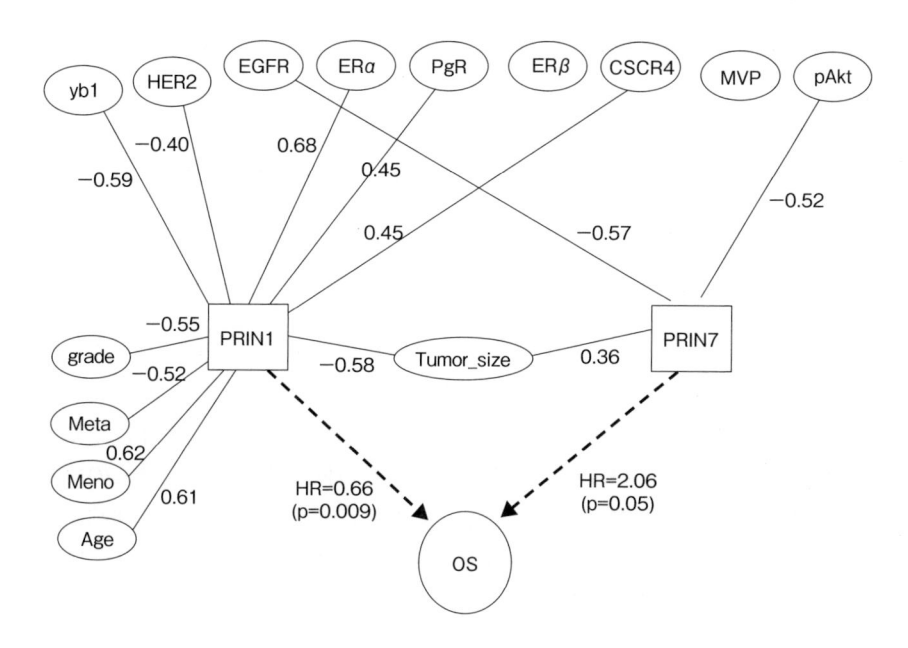

図 9.3 主成分回帰分析の結果の要約：主成分と相関係数の絶対値が 0.4 を超えるバイオマーカーを辺で結び示した．辺に添えられたラベルは相関係数を示す．

ととする．logistic 回帰分析を行う際には，多くの共変量を含めると，完全分離，あるいは擬似完全分離と呼ばれる状態が生じ，推定がうまくいかないことが生ずる．ここでは，分析する変数は，YB1, HER2, ERα, ERβ, CXCR4 の 5 変数に制限する．以下の logistic 回帰モデル

$$\mathrm{logit}(\mathrm{Pr}(YB1 = 1 | HER2, ER\alpha, ER\beta, CXCR4))$$
$$= \gamma_0 + \gamma_1 \times HER2 + \gamma_2 \times ER\alpha + \gamma_3 \times ER\beta + \gamma_4 \times CXCR4$$

を当てはめる．このモデルの γ_1 は，ERα, ERβ, CXCR4 を条件付けたときの，HER2 と YB1 間の条件付き対数オッズ比を表していることから，もしも帰無仮説 $\gamma_1 = 0$ が棄却されたとすると，ERα, ERβ, CXCR4 を条件付けた下で，YB1 と HER2 が独立でないと考えられる．もしも γ_1 の推定値 $\hat{\gamma}_1$ が負であると，条件付きオッズ比は $\exp(\hat{\gamma}_1) < 1$ となり，YB1 と HER2 の間に負

の関連があると考えられる.反対に,$\hat{\gamma}_1$ が正であると,条件付きオッズ比は $\exp(\hat{\gamma}_1) > 1$ となり,YB1 と HER2 の間に正の関連があると考えられる.同様にして,γ_2 を調べることで,他の変数を与えたもとで,YB1 と ERα が条件付き独立か否かを調べることができる.更に,目的変数を別の変数にして,

$$\text{logit}(\Pr(HER2 = 1|YB1, ER\alpha, ER\beta, CXCR4)$$
$$= \delta_0 + \delta_1 \times YB1 + \delta_2 \times ER\alpha + \delta_3 \times ER\beta + \delta_4 \times CXCR4$$

などを当てはめることで,5 つの変数間の他の変数を与えたもとでの条件付独立性を判断することができる.図 9.4 は,このような解析により,他の変数を与えたもとで,条件付き独立でない 2 変数間を辺で結び,条件付き独立の場合には辺で結ばないようにすることで,変数間の関連を示したものである.ただし,上記の方法を適用する際,ある特定の 2 変数の組が 2 回判定されることになるが,ここではいずれかの解析で 10% 有意である場合には条件付き独立でないと判定した.辺には,辺が結ぶ 2 変数間に正の関連がある場合には "+" を,負の関連がある場合には "−" を付してある.図 9.4 からは,YB1, HER2, ERα, CXCR4 間に関連があることが示唆された.主成分が示唆する関連と概ね整合しており,[ERβ]-[YB1]-[CXCR4]-[ERα]-[HER2 間] の pathway を連想させる.主成分回帰の結果から,この pathway が予後に重要な役割を果たしていることが示唆される.[図 9.4]

9.4 まとめと問題点

本章では,Fujii et al. [1] において行った分子標的マーカー間の関連の検討とその予後との関連の検討について,統計解析の基本的な考え方を示した.いくつかの問題点をまとめ,本章を終えることとする.解析には主成分回帰の方法を用いた.主成分を構成する変数には 2 値などの離散型の変数が含まれている.主成分分析は連続型の場合に用いられることが多く,それは,主成分分析の基礎となる共分散行列あるいは相関行列が連続型の変量間の関連の指標として自然であることによる.主成分分析の構成自体は連続型でなくとも妥当であるが,離散型の変数が含まれる場合に,より適した主成分回帰の方法を適用するべきであるかもしれない.

```
        CXCR4 ─────────── ERα
          │       +         │
          │ −             − │
          │                 │
         YB-1 ─────────── HER2
          │       +
          │ −
          │
         ERβ
```

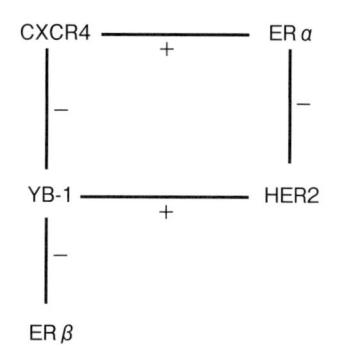

図 9.4 グラフィカルモデリングによる pathway の推定:logistic 回帰モデルの当てはめにより,有意水準 10% で有意な項は,条件付き独立でないとして辺で連結して示した

　また,本解析では主成分とグラフィカルモデリングを併用し,結果を対比させ考察することで,理解しやすい結果を得たと考えられる.しかし,この方法は十分に洗練した方法とはいえず,統計解析法としてより洗練されたものに一般化していく必要がある.グラフィカルモデリングで示唆されるような分子標的マーカー間に存在する pathway に沿った反応の効果として予後にどのような影響が生ずるかという解釈を与える統計解析法の体系的な開発が望まれるように思われる.

　この研究は,九州大学医学部桑野信彦教授,久留米大学医学部病理部鹿毛正義教授,久留米大学バイオ統計センター柳川堯教授が中心となる基礎,病理,バイオ統計のグループの共同研究として実施された.この研究グループは,基礎,病理,統計の密接な連携のもと,基礎と臨床の両面から癌の分子標的マーカー研究を推進することを目指している.本章では臨床データの統計解析結果のみを示したが,並行して細胞内で YB1 をノックダウンすることにより他のバイオマーカーがどのように影響されるかなど,対応する基礎研究を推進しており,臨床の結果と整合する結果を得ている.バイオマーカーの評価に当たっては,基礎実験と臨床データ解析が互いに補完,補強しつつ研究を進めることが有効であり重要であると考えられる.

参考文献

[1] Fujii, T., Kawahara, A., Basaki, Y., Hattori, S., Nakashima, K., Nakano, K., Shirouzu, K., Kohno, K., Yanagawa, T., Yamana, H., Nishio, K., Ono, M., Kuwano, M. and Kage, M.: Expression of HER2 and Estrogen Receptor α Depends upon Nuclear Localization of Y-Box Binding Protein-1 in Human Breaset Cancer. *Cancer Research*, 68, 1504-1512, 2008.
[2] 高橋陽一郎 著:『微分と積分 2』岩波書店, 2003 年 9 月.
[3] 塩谷 實 著:『多変量解析概論』朝倉書店, 1990 年 3 月.
[4] 宮岡悦良, 眞田克典 共著:『応用線形代数』共立出版, 2007 年 12 月.
[5] Everitt, B. 著, 石田基広 翻訳:『R と S-PLUS による多変量解析』シュプリンガー・ジャパン, 2007 年 6 月.
[6] 宮川雅巳 著:『グラフィカルモデリング』朝倉書店, 1997 年 2 月.
[7] 柳川 堯 著:『離散多変量データの解析』共立出版, 1986 年 12 月.
[8] Agresti, A. 著, 渡邉裕之 他 翻訳:『カテゴリカルデータ解析入門』サイエンティスト社, 2003 年 2 月.

第10章　薬剤感受性を規定するバイオマーカーの探索

10.1　解析の目的:明細胞卵巣癌におけるタキサンの感受性を決定するバイオマーカーの同定

　本章では，前章に引きつづき，九州大学桑野信彦教授を中心とするグループとの共同研究において行った統計解析の詳細を述べる．本章で扱うのは，慶應大学医学部婦人科において，1983年から2005年の間に手術をうけた卵巣癌症例のうち，病理診断による明細胞腺癌と診断された94例のデータである．このうち，44例が手術後の治療としてタキサンを含むレジメンにより治療されており，残る50例がタキサンを含まない治療を受けていた．治療は無作為に割り付けられているわけではなく，観察研究からのデータである．タキサン系の薬剤は，微小管を安定化させ，その結果，有糸分裂を抑制し，細胞死を誘発すると考えられている．卵巣癌のうち，明細胞腺癌は特に予後が不良と考えてられており，標準的な治療法が確立していない．また，明細胞腺癌は，海外において症例が極端に少なく，卵巣癌を対象とした無作為化臨床試験でも2～5%程度しか組み入れられず，十分な研究がなされてこなかった．一方で，日本人においては，20%程度が明細胞腺癌であると言われており，日本人のデータは明細胞腺癌の研究には極めて重要となる (Aoki et al. [1])．

　本研究の目的は，微小管に関連すると考えられるMAP4, Stathmin, Class III β-tubulinの3つのバイオマーカーを対象に，これらが明細胞腺癌に対するタキサンの感受性を決定する因子と見なせるか否かを検討することにある．具体的には，タキサンがこれらのバイオマーカーのどれかに作用することにより生存期間が延長していると見なせるか否かを判断することに関心がある．このようなバイオマーカーを評価する際に，タキサンを投与した症例のみを

対象として，バイオマーカーの発現量の多い少ないに応じて陽性・陰性を定義し，両者の生存期間を比較することが行われることがある．しかしながら，バイオマーカーは生体内で様々な役割を果たしていると考えられ，タキサンを投与していない場合にそのバイオマーカーが陽性あるいは陰性であることがどのような意味を持つかを考慮して解析する必要がある．例えタキサン投与例において陽性症例の方が生存期間が長いとしても，もともと陽性症例の方が予後がよい場合には，そのバイオマーカーは予後を規定する因子ではあるものの，タキサンの感受性とは無関係である可能性がある．本研究では，タキサン以外の治療がなされた症例のデータを用い，タキサンを投与していない症例でのバイオマーカーの役割と，タキサンを投与している症例でのバイオマーカーの役割を比較することで，タキサンの感受性を評価するアプローチを採る．このような解析は，統計学的には交互作用解析を行うことに相当する．

ところで，前述したように，卵巣癌データでの治療は無作為に決定されておらず，いわゆる交絡により統計解析の結果が歪められる可能性がある．統計解析の際には，交絡要因を適切に調整する必要がある．そのひとつの方法は，次節で説明するように，回帰分析により調整する方法である．一方で，**傾向スコア (propensity score)** と呼ばれる調整の方法が Rosenbaum and Rubin [2] により提案され，特に疫学研究により広く用いられている．次節でこの方法を解説するが，傾向スコアによる方法は通常 2 群間の比較を行う場合の方法であり，我々の問題には直接適用できない．我々は傾向スコアの方法を交互作用解析に拡張した方法により，交絡要因を調整した上で，タキサンの感受性を評価した (Aoki et al. [1])．この方法の概略と，解析結果を 2.3 節に解説する．

10.2　統計学的準備

本節では以降の解析で必要となる統計学的事項について，卵巣癌データからはいったん離れて，一般的に説明する．

10.2.1 回帰モデルによる偏りの調整

2つの治療を比較することに関心があるとし，その2群を対照群と試験群とよぶこととする．対照群・試験群の症例数をそれぞれ n_0, n_1 とし，n を総症例数つまり $n = n_0 + n_1$ とする．説明を簡単にするために，関心のある目的変数は連続型であるする．第 i 番目の症例の測定値を確率変数 $Y_i (i = 1, 2, \ldots, n)$ で表す．群を表す変数 X_i を，症例 i が対照群に属している場合には $X_i = 0$，試験群に属している場合には $X_i = 1$ と定義する．対照群および試験群の平均値を $\mu_0 = E[Y_i | X_i = 0]$ および $\mu_1 = E[Y_i | X_i = 1]$ とそれぞれ書き，各群の平均値が等しいか否かに関心があるものとする．その検討のためには，仮説

$$\mu_0 = \mu_1$$

を帰無仮説として検定することが考えられる．もしもデータが無作為化試験から得られていたとすると，t 検定や Wilcoxon 順位和検定などで検定することが考えられ，各群の平均値の差 μ_0 および μ_1 は，各群の標本平均によりそれぞれ推定することができる．いま目的変数 Y_i が別の変数 Z_i に関連しているとする．例えば，目的変数が治療後の血圧値の場合，治療直前の血圧値が高い症例は治療後の血圧値も高い傾向にある．そのような場合には，Y_i の治療前の値が Z_i として考えられる．図 10.1 は，Z_i と Y_i の間に比例関係がある場合の各群 15 例ずつのデータを，Z_i を x 軸に，Y_i を y 軸にプロットしたものである．図 10.1A は Z_i が対照群と試験群で同じように分布している場合であり，図 10.1B は対照群での Z_i の分布が試験群での分布に比べて低く分布している場合である．図 10.1 には，各群のデータにおいて，Y_i を Z_i に回帰した回帰直線を示した．各群の Y_i は，Z_i と直線的な関係があることが見て取れる．AとBのいずれにおいても，2つの直線の切片が異なっていることから，群間に差があると考えられる．x 軸に平行に示した点線は Z_i を無視して求めた対照群 $(X_i = 0)$ の標本平均を表し，x 軸に平行に示した実線は Z_i を無視して求めた試験群 $(X_i = 1)$ の標本平均を表す．図 10.1A では Z_i を無視して求めた標本平均に差が見られる．一方で図 10.1B においては，標本平均の差がほとんど見られない．図 10.1B では，目的変数 Y_i に関係する変数

Z_i の分布が対照群と試験群で異なっているために，Z_i を無視して求めた標本平均の差が，実際の差を反映していないことを示している．このことは解析する際には，Z_i の影響を考慮する必要があることを示している．図 10.1 から示唆されるように，共変量の影響を調整するためのひとつのアプローチは，回帰モデル

$$Y_i = \mu + \alpha \times X_i + \beta \times Z_i + \epsilon_i$$

を当てはめることである．ここで，ϵ_i は独立に $N(0, \sigma^2)$ に従う確率変数とする．このモデルの意味は

$$E[Y_i|X_i, Z_i] = \mu + \alpha \times X_i + \beta \times Z_i$$

と，群 X_i と Z_i を与えた下での条件付き期待値が，Z_i の一次関数になっているということである．対照群の条件付き平均値は

$$E[Y_i|X_i = 0, Z_i] = \mu + \beta \times Z_i$$

となり，試験群の条件付き期待値は

$$E[Y_i|X_i = 1, Z_i] = \mu + \alpha + \beta \times Z_i$$

となることから，条件付き期待値の差は

$$E[Y_i|X_i = 1, Z_i] - E[Y_i|X_i = 0, Z_i] = \alpha$$

となる．つまり，α は Z_i を揃えた（条件付けた）上での，群間差を示している．α は群間で Z_i の分布が異なっていることの影響を調整した上での，群間の平均の差を表す．この方法は**共分散分析 (analysis of covariance, ANCOVA)** と呼ばれる方法であり，数学的には重回帰分析に他ならない．実際の医学研究においては，目的変数に影響する要因はひとつとは限らず，多くの要因が影響していることが通常である．そのような場合には，さらに複数の要因を追加した回帰モデルを当てはめることで，調整した解析を行うこと

ができる.また,有効/無効を表す2値変数や生存期間など,連続型の目的変数以外に対しても,回帰分析を行うことで,偏りの調整を行うことができる. 2値の場合には logistic 回帰モデル,生存期間に対しては Cox 比例ハザードモデルが代表的な回帰モデルである.

仮にある変数が目的変数に影響していても,図 10.1A のように,その分布が群間で異なっていなければ大きな問題は生じないことになる.そのような状態にするための有力な方法が,無作為化である.無作為化していない場合には,目的変数に影響する要因の分布が,群間で異なる可能性がある.例えば,患者の重症度に応じて治療を選択するような場合,つまり,より重症度の高い症例にはより効果の強いことが期待される治療を行い,低い症例には効果が劣るものの有害事象が生じにくい治療を選択する傾向があるとすると,重症度の分布が群間で異なることになる.そのような要因は交絡要因と呼ばれる.無作為化を伴わない観察研究のデータを解析する際には,交絡要因を調整しない解析は不適切なものとなる.[図 10.1]

10.2.2 傾向スコアによる偏りの調整

前節では目的変数に対して回帰モデルを当てはめて偏りを調整する方法を説明したが,本節では,Rosenbaum and Rubin[2] により導入された傾向スコアと呼ばれる方法による偏りの調整方法について説明する.
前節と同様に,Y_i を目的変数とし,X_i を群を示す 2 値変数とする.p 個の共変量の群間での偏りを調整することを考え,その共変量を $Z_i^{(j)}(j=1,2,\ldots,p)$ と書くことにする.傾向スコアによる方法は p が大きいときにより意義が大きいが,ここでは説明を簡単にするため,p=2 として話を進めることとし,

$$Z_i = \left(\begin{array}{c} Z_i^{(1)} \\ Z_i^{(2)} \end{array} \right)$$

とおく.症例 i に対する傾向スコアは,共変量 Z_i を与えた下で,試験群に割り付けられる確率

$$e_i(Z_i) = \Pr(X_i = 1 | Z_i)$$

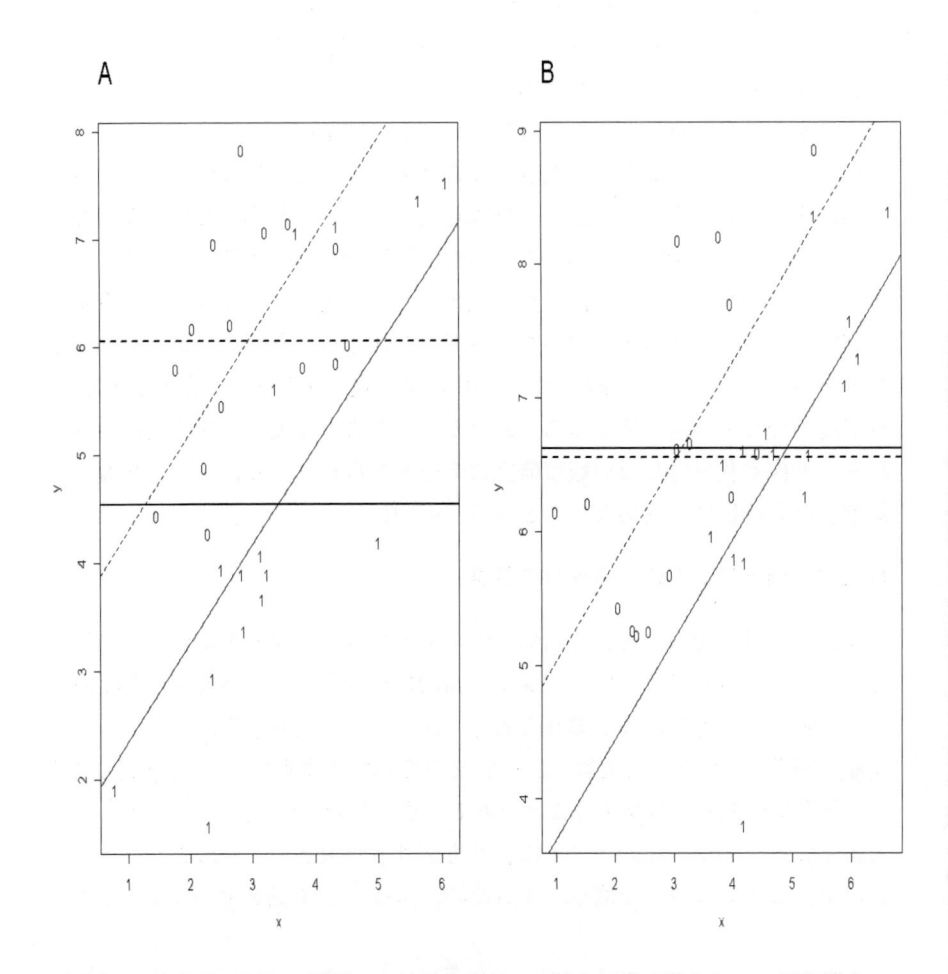

図 10.1 共変量の偏りの影響：x 軸を共変量，y 軸を反応変数として，対照群を 0，試験群を 1 でプロットした．また，それぞれの群において，回帰直線を示した（点線が対照群，実線が試験群）．x 軸に平行な直線は，共変量を無視して求めた各群の標本平均（点線が対照群，実線が試験群）を示す．A は共変量が群間で偏っていない場合，B は偏っている場合．

として定義される．Rosenbaum and Rubin[2] は，傾向スコアが

$$X_i \perp Z_i | e_i(Z_i) \tag{10.1}$$

という性質を持つことを示した．ここで，$A \perp B | C$ は C を与えた条件のもとで，A と B が独立であることを意味する．(10.1) は，傾向スコアの値で条件付けると，共変量 Z_i が群の割付 X_i と独立ということであるが，言い換えると，傾向スコアの値が同じ症例だけを仮に考えたとすると，共変量 Z_i の分布が群間で偏らないことを意味する．つまり，いったん傾向スコアが分かってしまえば，多次元の共変量 Z_i を考えなくともよく，一次元の傾向スコアのみを考えてやればよいこととなる．(10.1) の性質を持つような $e_i(Z_i)$ はバランシングスコアを呼ばれることがある．

実際には傾向スコアの値は未知であり，データから推定してやる必要がある．それには 2 値変数 X_i を目的変数とする回帰モデルを $\Pr(X_i = 1 | Z_i)$ に対して考えてやればよく，logistic 回帰モデル

$$\begin{aligned}\operatorname{logit}(\Pr(X_i = 1 | Z_i)) &= \log \frac{\Pr(X_i = 1 | Z_i)}{1 - \Pr(X_i = 1 | Z_i)} \\ &= \mu + \gamma_1 \times Z_i^{(1)} + \gamma_2 \times Z_i^{(2)}\end{aligned} \tag{10.2}$$

を当てはめることがよく行われる．回帰係数は最尤法により推定することができる．$(\mu, \gamma_1, \gamma_2)$ の最尤推定量を $\hat{\mu}, \hat{\gamma}_1, \hat{\gamma}_2$ と書くことにする．(10.2) は，

$$\Pr(X_i = 1 | Z_i) = \frac{\exp(\mu + \gamma_1 \times Z_i^{(1)} + \gamma_2 \times Z_i^{(2)})}{1 + \exp(\mu + \gamma_1 \times Z_i^{(1)} + \gamma_2 \times Z_i^{(2)})}$$

と変形できるので，傾向スコアは

$$\hat{e}_i(Z_i) = \frac{\exp(\hat{\mu} + \hat{\gamma}_1 \times Z_i^{(1)} + \hat{\gamma}_2 \times Z_i^{(2)})}{1 + \exp(\hat{\mu} + \hat{\gamma}_1 \times Z_i^{(1)} + \hat{\gamma}_2 \times Z_i^{(2)})}$$

により推定することができる．

以上の事実から，傾向スコアの値が同じであれば，Z_i は群間でバランスするので，傾向スコアが同じ症例に限定して，2 群間の比較を行えば，Z_i の分布の群間での偏りは問題とならないことになる．実際には傾向スコアの値は症例

毎に異なるので,傾向スコアが同じ症例を多数集めることはできないが,傾向スコアの値によって症例を分類することで,各分類の中では各症例の傾向スコアの値は似通っていることから,群間の偏りは問題とならないことになる.簡単のために,傾向スコアの値が低い症例・中程度の症例・高い症例の3つに分類したとし,それぞれ,L群・M群・H群と呼ぶことにする.L群・M群・H群それぞれにおいて,各症例の傾向スコアの値は近いので,Z_iの対照群と試験群間の偏りはないと考えられる.L群・M群・H群それぞれに対して試験群と対照群の平均の差を計算すれば,それぞれ背景の偏りを調整した推定になるが,3つに症例を分割しているので各群の症例数が少なくなり,精度が悪くなる点が欠点である.そのため,3つの推定値を併合して精度を上げることが望ましいが,L群に対しては

$$E[Y_i|X_i, Z_i] = \mu_L + \alpha \times X_i$$

M群に対しては

$$E[Y_i|X_i, Z_i] = \mu_M + \alpha \times X_i$$

H群に対しては

$$E[Y_i|X_i, Z_i] = \mu_H + \alpha \times X_i \tag{10.3}$$

とした2元配置分散分析モデルを考え,共通の群間差αを推定することができる.あるいは,症例を分類せずに傾向スコア自身を説明変数として,

$$E[Y_i|X_i, Z_i] = \mu + \alpha \times X_i + \beta \times \hat{e}_i(Z_i) \tag{10.4}$$

を考えることもできる.

傾向スコアを用いなくとも,回帰モデルを当てはめることでも偏りの調整をすることはできる.その場合には,交絡要因を回帰モデルの説明変数に適切に組み込む必要がある.例えば年齢の影響を調整する際には,年齢をそのまま説明変数として組み入れることで十分か,あるいは反応変数と年齢の間の非線形的な関係をも考慮し,年齢の2次多項式としてモデル化すべきかなど

を検討する必要がある．このような回帰モデルの適切な特定は実際のデータ解析では非常に面倒な作業となる．傾向スコアを用いることで，関心のある目的変数の解析の段階では，説明変数を 1 次元の傾向スコアに縮約できており，その結果解析が簡明なものとなっている．もちろん傾向スコアを推定する段階で logistic 回帰によるモデリングを行っており，その特定が必要となるが，傾向スコアの方法は，モデルの仮定からのずれに対して，通常の回帰分析による調整よりも頑健との報告もあり (星野 [4] など)，広く用いられている．

10.3 統計解析の結果

以下では我々(Aoki et al. [1]) が行った卵巣癌データの解析結果を示す．94 例の明細胞卵巣癌症例のうち，44 例でタキサン系抗癌剤が投与され，残りの 50 例にはタキサン系以外の薬剤が投与されていた．本研究の目的は，Map4, β-tubulin III, Stathmin の 3 つの分子標的マーカーのうち，タキサン系薬剤への感受性に関与する分子標的マーカーを同定することにある．以下では β-tubulin III に対する結果を主に示す．

10.3.1 Kaplan-Meier 法による解析

はじめに全生存期間を評価項目として，Kaplan-Meier 法による解析を行う．ただし，全生存期間は，化学療法開始日を原点として，任意の原因による死亡までの期間として定義し，最終の生存確認日において生存が確認された症例については，その日で打ち切りとして扱うこととする．図 10.2A は，β-tubulin III 低発現症例に対して，タキサン非投与例とタキサン投与例別に全生存期間の生存時間分布を Kaplan-Meier 法により推定した結果である．図 10.2B は，β-tubulin III 高発現症例に対する同様の図である．図 10.2B から，β-tubulin III 高発現の症例に対して，タキサン投与症例の方が予後がよいこと見て取れる．図 10.2A を見ると，β-tubulin III が低発現の症例に対しては，寧ろタキサン投与群の方が予後が悪い様子が示されている．つまり図 10.2A,B から，タキサンの効果は β-tubulin III の発現に影響されることが示唆される．β-tubulin III のタキサンへの感受性を評価するには，β-tubulin III 低発現症

例の中でのタキサンの効果と β-tubulin III 低発現症例の効果を比較する必要がある．言い換えれば，図 10.2A と B の関連を調べなくてはならないことになる．

また，β-tubulin III 低発現かつタキサン投与症例の群，β-tubulin III 低発現かつタキサン非投与症例の群，β-tubulin III 高発現かつタキサン投与症例の群，β-tubulin III 高発現かつタキサン非投与症例の群の間で，年齢・残存腫瘍の有無などの予後因子に違いがあるが，図 10.2 で示した Kaplan-Meier 法では，これらの違いは無視されている．予後因子の違いを調整した上で β-tubulin III のタキサンへの感受性を評価することが重要となる．[図 10.2]

10.3.2 交互作用解析

我々は，Cox 比例ハザードモデルに傾向スコアを取り込んで，β-tubulin III のタキサンへの感受性評価を行った (Aoki et al. [1])．本節と次節でその詳細を解説する．前節で予後要因を適切に調整した上で解析を行うことの重要性を述べたが，簡単のため本節では予後要因の調整は無視した上で，Cox 比例ハザードモデルを用いる β-tubulin III の発現とタキサン投与有無の交互作用解析について説明を行う．次に次節で，予後要因の偏りの調整について説明する．さて，図 10.2 で見たように，β-tubulin III が低発現の症例ではタキサン投与例の方が予後が若干悪く，β-tubulin III が高発現の症例ではタキサン投与例の方が予後が良かった．つまり，β-tubulin III 低発現症例と高発現症例では，タキサンの効果が逆転していることが示唆される．これを Cox 比例ハザードモデルでモデル化するには，以下のように交互作用項を考えるとよい．

X_i を症例 i がタキサン非投与症例であれば $X_i = 0$，タキサン投与例であれば $X_i = 1$ である 2 値変数とし，M_i を β-tubulin III が低発現であれば $M_i = 0$，高発現であれば $M_i = 1$ である 2 値変数とする．$\lambda(t|X_i, M_i)$ を X_i と M_i を与えたときのハザード関数とする．以下の Cox 比例ハザードモデルモデルを考える．

$$\lambda(t|X_i, M_i) = \lambda_0(t) \exp\left(\alpha \times X_i + \beta \times M_i + \gamma \times X_i \times M_i\right) \quad (10.5)$$

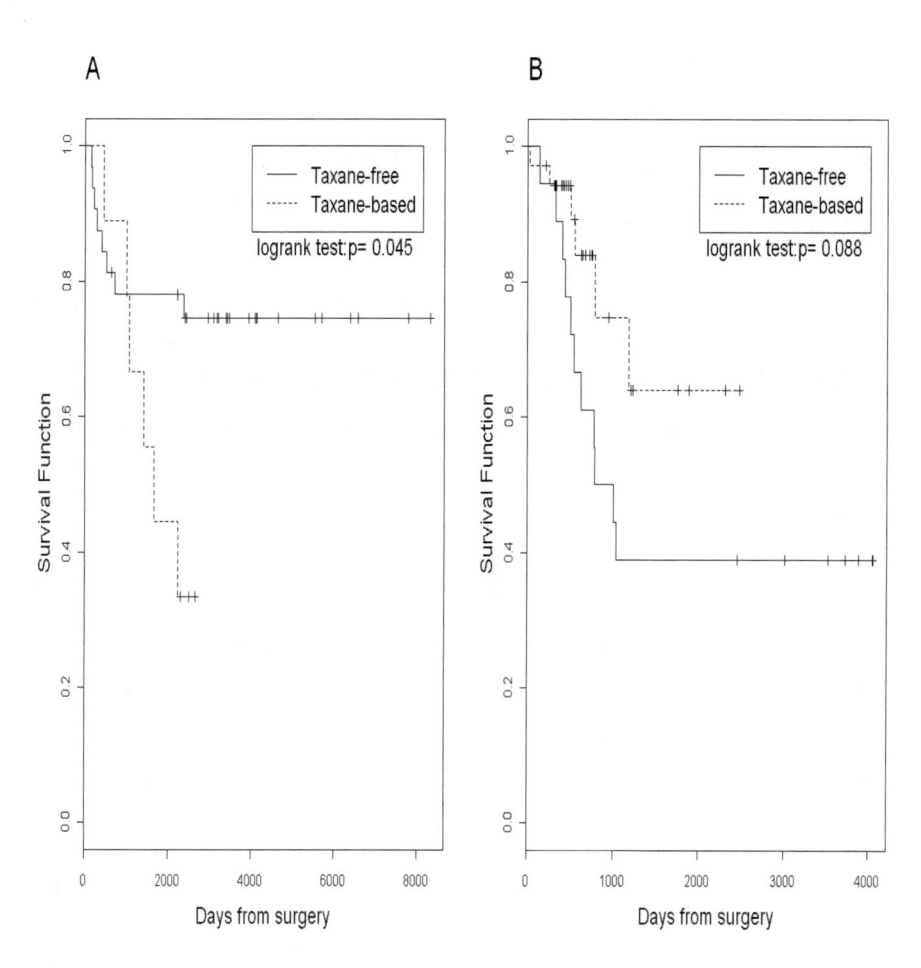

図 10.2 Class III β-tubulin の低発現症例 (A) および高発現症例 (B) に対する Kaplan-Meier 推定量

ただし，$\lambda_0(t)$ は基準ハザード関数であり，$X_i \times M_i$ の項は X_i と M_i の間の交互作用項と呼ばれる．このモデルは

$$\lambda(t|X_i = 0, M_i = 0) = \lambda_0(t) \tag{10.6}$$

$$\lambda(t|X_i = 1, M_i = 0) = \lambda_0(t)\exp(\alpha) \tag{10.7}$$

$$\lambda(t|X_i = 0, M_i = 1) = \lambda_0(t)\exp(\beta) \tag{10.8}$$

$$\lambda(t|X_i = 1, M_i = 1) = \lambda_0(t)\exp(\alpha + \beta + \gamma) \tag{10.9}$$

を意味している．(10.7) と (10.6) の比をとることで，

$$\frac{\lambda(t|X_i = 1, M_i = 0)}{\lambda(t|X_i = 0, M_i = 0)} = \exp(\alpha) \tag{10.10}$$

となる．これは β-tubulin III が低発現の症例に対するタキサン系薬剤のハザード比が $\exp(\alpha)$ であることを示している．つまり α は図 10.2A における群間の違いを測っていることになる．同様にして，(10.9) と (10.8) の比をとると，

$$\frac{\lambda(t|X_i = 1, M_i = 1)}{\lambda(t|X_i = 0, M_i = 1)} = \exp(\alpha + \gamma) \tag{10.11}$$

となる．これは β-tubulin III が高発現の症例に対するタキサン系薬剤のハザード比を示している．つまり，$\alpha+\gamma$ が図 10.2B における群間の違いを測っていることになる．したがって，β-tubulin III が例発現症例でのタキサンの効果と β-tubulin III が高発現症例でのタキサンの効果の違いを見るには，γ を調べればよいことになる．帰無仮説

$$H_0 : \gamma = 0 \tag{10.12}$$

の検定を考える．この帰無仮説は，モデル (10.5) を当てはめ，交互作用項 $X_i \times M_i$ に対する Wald 検定あるいはスコア検定により検定することができる．H_0 が棄却される場合には，β-tubulin III が低発現の症例と高発現の症例で，タキサンの効果が異なることになる．言い換えれば，β-tubulin III が高発現しているときにタキサンを投与することで増強される相乗作用が存在

10.3.3 傾向スコアによる交互作用解析での偏りの調整

Z_i を p 次元の予後要因（共変量）とする．本節では，Z_i の偏りを傾向スコアで調整した上で，帰無仮説 (10.12) を検定するひとつの方法を説明し，解析結果を示す．10.2.2 節で概説した傾向スコアによる調整は，2 群の比較に対するものであった．交互作用解析を行う際にはその議論はそのままでは通用しないことになる．モデル (10.5) には 3 つの 2 値変数 $X_i, M_i, X_i \times M_i$ が説明変数として含まれている．これら 3 つの 2 値変数に対して傾向スコアを考える．つまり，

$$e_i^X(Z_i) = \Pr(X_i = 1|Z_i)$$
$$e_i^M(Z_i) = \Pr(M_i = 1|Z_i)$$
$$e_i^{XM}(Z_i) = \Pr(X_i \times M_i = 1|Z_i)$$

を考える．すると，(10.1) に対応する性質として，

$$(X_i, M_i) \perp Z_i | (e_i^X(Z_i), e_i^M(Z_i), e_i^{XM}(Z_i)) \tag{10.13}$$

が成り立つ．つまり，傾向スコアの 3 つ組 $(e_i^X(Z_i), e_i^M(Z_i), e_i^{XM}(Z_i))$ はバランシングスコアであり，3 つ組 $(e_i^X(Z_i), e_i^M(Z_i), e_i^{XM}(Z_i))$ が同じであれば，個々の Z_i は忘れてしまってよいことを意味する．したがって，これら 3 つの傾向スコアを調整してやればよいことになる．(10.13) が成り立つことの証明は省略するが，Rosenbaum and Rubin [2] での議論と同様にして示すことができる．

卵巣癌データに焦点を当てて，傾向スコアの推定について説明する．明細胞卵巣癌において予後要因と考えられる因子として，(1) 年齢 (2) 残存腫瘍径 (3)FIGO stage 分類 (4) 腹腔内細胞診の 4 つのバランスを調整することを考える．$Z_i^{(1)}$ を i 番目の症例の年齢（連続値），$Z_i^{(2)}$ を残存腫瘍径（0=1cm

未満,1=1 cm 以上)とし,FIGO stage 分類と腹腔内細胞診については,過去の研究を参考にし,「FIGO stage I-II でかつ腹腔内細胞診陰性」「FIGO stage I-II かつ腹腔内細胞診陽性」「FIGO stage III-IV」の 3 カテゴリを表すダミー変数を $Z_i^{(3)}$(1=FIGO stage I-II かつ腹腔内細胞診陽性, 0=それ以外),$Z_i^{(4)}$(1=FIGO stage III-IV, 0=それ以外) により定義する.これらを説明変数として含む logistic 回帰モデル

$$\text{logit}(\Pr(X_i=1|Z_i)) = \log\frac{\Pr(X_i=1|Z_i)}{1-\Pr(X_i=1|Z_i)}$$
$$= \mu + \gamma_1^X \times Z_i^{(1)} + \gamma_2^X \times Z_i^{(2)} + \gamma_3^X \times Z_i^{(3)} + \gamma_4^X \times Z_i^{(4)} \quad (10.14)$$

をデータに当てはめ,$(\mu, \gamma_1^X, \gamma_2^X, \gamma_3^X, \gamma_4^X)$ の最尤推定量 $(\hat{\mu}, \hat{\gamma}_1^X, \hat{\gamma}_2^X, \hat{\gamma}_3^X, \hat{\gamma}_4^X)$ を求める.このとき傾向スコア $e_i^X(Z_i)$ の推定値 $\hat{e}_i^X(Z_i)$ は

$$\hat{e}_i^X(Z_i) = \frac{\exp(\hat{\mu} + \hat{\gamma}_1^X \times Z_i^{(1)} + \hat{\gamma}_2^X \times Z_i^{(2)} + \hat{\gamma}_3^X \times Z_i^{(3)} + \hat{\gamma}_4^X \times Z_i^{(4)})}{1+\exp(\hat{\mu} + \hat{\gamma}_1^X \times Z_i^{(1)} + \hat{\gamma}_2^X \times Z_i^{(2)} + \hat{\gamma}_3^X \times Z_i^{(3)} + \hat{\gamma}_4^X \times Z_i^{(4)})}$$

により推定される.他の 2 つの傾向スコア $e_i^M(Z_i)$,$e_i^{XM}(Z_i)$ の推定値 $\hat{e}_i^M(Z_i)$,$\hat{e}_i^{XM}(Z_i)$ も同様にして得ることができる.これらの傾向スコアをモデル (10.5) に追加することで,偏りを調整することができるが,3 つの傾向スコア間に強い相関がある場合には,**多重共線性 (multi-colinearity)** が生じ,適切な推定を得ることができなくなる.表 10.1 には 3 つの傾向スコア間の Spearman の順位相関係数を示した.$\hat{e}_i^M(Z_i)$ と $\hat{e}_i^{XM}(Z_i)$ 間には 0.9 を超える強い相関が存在する.そのため $\hat{e}_i^M(Z_i)$ を調整することは $\hat{e}_i^{XM}(Z_i)$ をも調整することを意味しており,したがって,$\hat{e}_i^{XM}(Z_i)$ は除いて考えてよい.Aoki et al. [1] では,Spearman の順位相関係数の絶対値が 0.8 以上の関係が傾向スコア間に見られた場合には,一方を除くこととした.β-tubulin III の場合には,$\hat{e}_i^X(Z_i)$ と $\hat{e}_i^M(Z_i)$ の 2 つの傾向スコアを説明変数としてモデル (10.5) に追加したモデル

$$\lambda(l|X_i, M_i) = \lambda_0(t)\exp(\alpha \times X_i + \beta \times M_i + \gamma \times X_i \times M_i$$
$$+\eta_1 \times \hat{e}_i^X(Z_i) + \eta_2 \times \hat{e}_i^M(Z_i)) \quad (10.15)$$

表 10.1 傾向スコア間の Spearman の順相関係数

変数の組	Spearnam の順位相関係数 (P 値)
e1,e2	-0.67 (P<0.001)
e1,e3	-0.78 (P<0.001)
e2,e3	0.91 (P<0.001)

表 10.2 Cox 回帰による交互作用解析の結果

	beta	se(beta)	z	p	HR	95%CI
group (1=Taxane-based/ 0=Taxane-free)	0.90	0.55	1.48	0.099	2.46	0.84-7.19
tubulin (1=Potivie/ 0=negative)	1.36	0.49	2.78	0.006	3.91	1.49-10.23
group*tubulin	-1.68	0.75	2.23	0.026	0.19	0.04-0.82
propensity score (X)	省略					
propensity score (M)	省略					

表 10.3 MAP4, Stathmin, beta-tubulin III の交互作用解析の要約

	Regression coefficient gamma (95%CI)	P
MAP4	-0.77 (-2.50, 0.96)	0.383
Stathmin	-1.37 (-3.17, 0.43)	0.135
beta-tubulin III	-1.68 (-3.16, 0.21)	0.026

を当てはめて，背景の偏りを調整した．解析結果を表 10.2 に示した．この解析の主たる関心は交互作用項 $X_i \times M_i$ であるが，帰無仮説 $H_0 : \gamma = 0$ の検定に対する p 値は $p=0.026$ と統計的に有意であった．他に検討した Map4, Stathmin の結果も併せて，表 10.3 に交互作用項の検定結果を要約した．Stathmin も β-tubulin III と同様の傾向を示したが，5%有意水準で統計的にも有意となったのは β-tubulin III のみであった．

以上に示した解析を行う R のプログラムコードの例を R コード 10.1 に示す．(10.4) に 5 例分のデータのレイアウトを示す．変数 os は，亡くなった症例に対しては，手術から死亡までの期間，死亡していない症例に対しては，手術から最終の観察までの期間 (打ち切り日) を含めたデータである．d_os は各症例が亡くなったか否かを示す変数で，亡くなっている場合には=1, 亡くなっていない場合には=0 とする．group はタキサン投与症例に対しては=1, タ

表 10.4 卵巣癌データのレイアウト

id	os	d_os	Age	group	tubulin	int	d_figo_12p	d_figo_34p	d_suboptimal
6	447	1	68	1	0	0	0	0	0
9	550	0	64	1	1	1	0	1	1
11	1202	1	47	1	1	1	1	0	1
16	5536	0	66	0	1	0	0	1	0
17	2438	1	55	0	0	0	1	0	0
⋮	⋮	⋮	⋮	⋮	⋮	⋮	⋮	⋮	⋮

キサン非投与例に対しては=0 とした変数であり,上の説明では X_i に相当する.tublin は β-tubulin III が高発現している場合には=1,低発現の場合には=0 となる変数であり,M_i に相当する.int は $group \times tublin$ であり,$X_i M_i$ に相当する.d_figo_12p と d_figo_34p が FIGO stage 分類と腹腔内細胞診から作成するダミー変数で,上の説明での $Z_i^{(3)}$ と $Z_i^{(4)}$ にそれぞれ相当する.

R コード 10.1:傾向スコアを計算する R コード

```
[P1]data<-read.csv("G:\\hattoris\\textbook\\ovarian.csv",
    header=T)


#---------propensity score for taxane-------------
[P2] logistic_tx<-glm(group~age+d_suboptimal+d_figo_12p
    +d_figo_34,binomial,data=data)
[P3] data$ps_tx<-logistic_tx$linear.predictors
#---------propensity score for biomarker----------
[P4] logistic_m<-glm(tubulin~age+d_suboptimal+d_figo_12p
    +d_figo_34,binomial,data=data)
[P5] data$ps_m<-logistic_m$linear.predictors
#---------propensity score for interaction-------
[P6] logistic_int<-glm(int~age+d_suboptimal+d_figo_12p
    +d_figo_34,binomial,data=data)
```

```
[P7] data$ps_int<-logistic_int$linear.predictors
```

```
#-------Spearman's rank correlation----------
[P8] data11<-data[,c("ps_tx","ps_m","ps_int")]
[P9] cor(x=data11,method="spearman")
```

```
#-------Cox reg----------
[P10] cox_output<-coxph(Surv(x_os,d_os)~group+tubulin+int
    +ps_tx+ps_m,data=data,method="breslow")
```

[P1] が表 10.4 に示したデータを R 上に読み込む部分で，data という名で読み込んでいる．[P2]-[P3] がタキサン投与か否かに対する傾向スコア $e_i^X(Z_i) = \Pr(X_i = 1|Z_i)$ を計算している部分である．R の glm 関数は一般化線形モデルを当てはめるための関数だが，binomial により目的変数が 2 値である指定をしている．連結関数の指定はしていないことから，一般化線形モデルにおける正準連結関数が指定される．2 値変数の場合の正準連結関数はロジット変換であり，したがって logistic 回帰が当てはめられていることになる．一般化線形モデルについて不慣れな読者は，Dobson[4] を参照されたい．[P2] で出力結果はリスト logistic_tx に格納しているが，その中の linear.predictors には，最尤推定結果による各症例の目的変数が 1 となる確率が出力される．これが傾向スコア $e_i^X(Z_i) = \Pr(X_i = 1|Z_i)$ に他ならない．[P3] は，のちに傾向スコアを説明変数とした Cox 比例ハザードモデルの当てはめを行うことから，生存時間データが含まれるデータ data に [P2] で求めた傾向スコアを追加している．同様にして [P4]-[P5] でマーカーに対する傾向スコア $e_i^M(Z_i) = \Pr(M_i = 1|Z_i)$，[P6]-[P7] で交互作用に関する傾向スコア $e_i^{XM}(Z_i) = \Pr(X_i \times M_i = 1|Z_i)$ を計算し，data に追加している．[P8]-[P9] は表 10.1 に示した 3 つの傾向スコア間の Spearman の順位相関係数を計算する部分である．[P10] が傾向スコアを説明変数として含めた Cox 比例ハザードモデル (10.15) を当てはめている部分である．その結果をまとめたものが表 10.2 である．

ここで，モデルのパラメータの意味を考えることにする．当てはめた Cox 比例ハザードモデルは，傾向スコアの調整部分を除くと，(10.6)〜(10.9) を意味していたが，タキサンを投与されていない症例に対するモデルは (10.6) と (10.8) である．後者はマーカーが陽性の症例であり，前者は陰性の症例である．したがって，パラメータ β は，タキサンを投与していない症例に対するマーカー陽性症例の陰性症例に対する対数ハザード比を意味することになる．β の推定値 $\hat{\beta}$ とその信頼区間は表 10.2 に与えられている．R あるいは SAS などの標準的な統計パッケージの多くは，このようにモデルに含めた要因に対する回帰係数の推定値と信頼区間を自動的に出力してくれる．一方で，タキサンを投与している症例に対するマーカー陰性症例に対するマーカー陽性症例のハザード比を考えてみよう．(10.7) と (10.9) がタキサンを投与した症例に対するモデルであり，後者がマーカー陽性症例のハザードであり，前者がマーカー陰性症例のハザードを表す．したがって，タキサン投与例における，マーカー陰性症例に対するマーカー陽性症例のハザード比は

$$\exp(\beta+\gamma)$$

ということになる．表 10.2 に β の推定値 $\hat{\beta}$，γ の推定値 $\hat{\gamma}$ の推定値が与えられている．これらの推定値から $\exp(\hat{\beta}+\hat{\gamma})$ が推定できる．しかし，信頼区間は一般の統計パッケージは直接には出力しないので，簡単なプログラムを追加する必要がある．$\exp(\beta+\gamma)$ の信頼区間を得るには，まず $\hat{\beta}+\hat{\gamma}$ の分散を得る必要がある．分散の性質から，

$$\mathrm{Var}(\hat{\beta}+\hat{\gamma}) = \mathrm{Var}(\hat{\beta}) + \mathrm{Var}(\hat{\gamma}) + 2\mathrm{Cov}(\hat{\beta},\hat{\gamma}) \qquad (10.16)$$

となることがわかる．R や SAS などの統計ソフトウェアーは，指定した説明変数に対する回帰係数間の分散共分散行列を出力するので，これを利用して $\mathrm{Var}(\hat{\beta})$, $\mathrm{Var}(\hat{\gamma})$, $\mathrm{Cov}(\hat{\beta},\hat{\gamma})$ を求め，(10.16) に代入することで，$\mathrm{Var}(\hat{\beta}+\hat{\gamma})$ を計算することができる．これより $\beta+\gamma$ の 95% 信頼区間は $[\hat{\beta}+\hat{\gamma}-1.96\sqrt{\mathrm{Var}(\hat{\beta}+\hat{\gamma})}, \hat{\beta}+\hat{\gamma}+1.96\sqrt{\mathrm{Var}(\hat{\beta}+\hat{\gamma})}]$ により求めることができる．この区間を指数関数で変換することで，$\exp(\beta+\gamma)$ の 95% 信頼区間を

$$[\exp(\hat{\beta}+\hat{\gamma}-1.96\sqrt{\mathrm{Var}(\hat{\beta}+\hat{\gamma})}), \exp(\hat{\beta}+\hat{\gamma}+1.96\sqrt{\mathrm{Var}(\hat{\beta}+\hat{\gamma})})]$$

により求めることができる．Rで実行するプログラム例を以下のRコード10.2に示す．

Rコード10.2:$\hat{\beta}+\hat{\gamma}$の信頼区間を計算するRコード

```
[P11] cox<-coxph(Surv(x_os,d_os)~group+tubulin
+int+ps_tx+ps_m,data=data,method="breslow")
[P12] v_beta_gamma<-cox$var[2,2]+cox$var[3,3]+2*cox$var[2,3]
[P13] HR_taxan_based<-exp(cox$coefficient[2]+cox$coefficient[3])
[P14] ci_lower<-exp(beta_gamma-1.96*sqrt(v_beta_gamma))
[P15] ci_upper<-exp(beta_gamma+1.96*sqrt(v_beta_gamma))
```

[P11]でcoxph関数の出力をcoxに格納しているが，その中のcox$coefficientに回帰係数の推定値が格納される．cox$coefficientには，[P11]で指定した5つの説明変数に対する回帰係数の推定値が順に格納され，第2成分cox$coefficient[2]が$\hat{\beta}$であり，第3成分cox$coefficient[3]が$\hat{\gamma}$である．cox$varには指定した5つの説明変数間の分散共分散行列が格納される．これは5×5行列であり，第(i,j)成分はi番目とj番目の説明変数に対する回帰係数の推定値の共分散に対応する．したがって，(2,3)成分が，$\mathrm{Cov}(\hat{\beta},\hat{\gamma})$ということになる．また，(2,2)成分と(3,3)成分がそれぞれ，$\mathrm{Cov}(\hat{\beta},\hat{\beta})=\mathrm{Var}(\hat{\beta})$と$\mathrm{Cov}(\hat{\gamma},\hat{\gamma})=\mathrm{Var}(\hat{\gamma})$となる．[P12]が(10.16)に従って，分散を計算している部分である．[P13]–[P15]がハザード比$\exp(\hat{\beta}+\hat{\gamma})$と信頼区間を計算している部分である．このようにして計算した，タキサン非投与例における，マーカー陽性症例の陰性症例に対するハザード比$\exp(\hat{\beta})$と，タキサン投与例に対するハザード比$\exp(\hat{\beta}+\hat{\gamma})$を，表10.5に示した．タキサンを投与していない症例に対しては，β-tubulin IIIが陽性の症例の陰性症例に対するハザード比は3.91 (95%信頼区間:1.49–10.23)となり予後が悪いが，一方で，タキサン投与例に対してはハザード比が0.72 (95%信頼区間:0.22–2.44)と，寧ろ予後がよい方向の推定値が得られている．ただし，信頼区間は1を含んでおり，統計的に有意ではない．ただし，これはタキサン投与例に限定して考察したことに相当しており，本解析が意図する比較ではない．本解析の目的は帰無仮説

表 10.5 タキサン投与例およびタキサン非投与例での各マーカーの役割

	HR (95%CI)		p (interaction)
	Taxane-based therapy	Taxane-free therapy	
MAP4	0.42 (0.11,1.66)	0.91 (0.35,2.40)	0.383
Stathmin	0.96 (0.26-3.53)	3.78 (1.07,13.34)	0.135
beta-tubulin III	0.72 (0.22-2.44)	3.91 (1.49,10.23)	0.026

$H_0 : \gamma = 0$ の検定であった. この検定結果は, 表 10.2 の $group \times tubulin$ の項を見ればよく, 検定結果は $p=0.026$ と統計的に有意であることがわかる. このとき, 交互作用項に対するハザード比 $\exp(\hat{\gamma})$ は表 10.2 に示すように 0.19 (95% 信頼区間は 0.04~0.82) である. 先に示したようにタキサンを投与していない症例に対しては β-tubulin III が陽性の症例の陰性症例に対するハザード比 3.91 であり, タキサン投与例に対する β-tubulin III が陽性の症例の陰性症例に対するハザード比 0.72 であった. これらの比をとると 0.72/3.91=0.19 となることが確かめられる. つまり, 交互作用項は, β-tubulin III が陽性の症例の陰性症例に対するハザード比の, タキサン投与の有無での差を評価していることがわかる.

以上の解析は, 傾向スコアを回帰モデルの説明変数に含める方法であり, 10.2 節での (10.4) に相当する解析である. しかし, この方法が妥当であるには, 傾向スコアを含めて構築した回帰モデル (10.4) が死亡のハザード関数をよく近似するものでなくてはならない. Cox 比例ハザードモデルのデータへの適合性を評価する方法は様々な方法が提案されている (例えば服部 [5] を参照されたい). しかしながら, ここではそれには立ち入らず, 異なる仮定による解析を行い, 以上で得た結果が支持されるかを確認することとする. 具体的には 10.2 節で示した (10.3) に相当する解析を実施する. この解析は,

(1) 複数存在する共変量を傾向スコアで 1 次元に要約し, 傾向スコアが似た症例毎に部分集団を作る
(2) 部分集団別の解析を 2 元配置分散分析モデル (10.3) により併合する.

の 2 段階よりなる. 10.2 節では, 2 群比較の場合に傾向スコアを用いて, 傾向

スコアが同程度の症例毎に部分集団を作り共変量を調整する方法を解説した. 本章で扱う状況では傾向スコアが3つ登場し, そのまま適用することはできない. しかしながら, 要は傾向スコアが似た症例を集めて部分集団を構成すればよいので, クラスター分析を適用することが考えられる. クラスター分析とは多次元ベクトルからなる各症例のデータ間の距離(類似度)を計算し, それにより症例を分類する方法である. 新納 [6] に様々なクラスター分析の方法が R コードとともに紹介されている. いま, 3つの傾向スコアからなるベクトル

$$(\hat{e}_i^X(Z_i), \hat{e}_i^M(Z_i), \hat{e}_i^{XM}(Z_i))$$

を考え, これに基づいてクラスタ分析を行って症例を分類する. ここでは, 階層的クラスター分析と呼ばれる方法のうち, Ward 法を用いることとする. 各症例の分類を示すデンドログラムは図10.3のようになった. 大きく3つのクラスターに分類されている様子がわかる. 以下では3つのクラスターに分類することとし, C_i を症例 i がどのクラスター (1, 2, 3) に属するかを示す変数とする. 図10.4は, 3つの傾向スコアのうち2つを x 軸および y 軸として各症例のクラスター C_i をプロットしたものである. 同一のクラスタ内では, いずれの傾向スコアも大きくは異なっていないと思われる. もちろんクラスター数を増やせばより均質にすることができるが, その場合には各クラスターに含まれる症例数が極端に少なくなることから, ここでは3つのクラスターに分類する. 3つのクラスターでの結果を併合するモデルとして, 層別 Cox 比例ハザードモデル

$$\lambda(t|X_i, M_i, C_i = s) = \lambda_{0s}(t) \exp\left(\alpha \times X_i + \beta \times M_i + \gamma \times X_i M_i\right)$$

(10.17)

を適用することとする. ここで, $\lambda_{0s}(t)$ はクラスター s のベースラインハザード関数とし, 回帰係数 α, β, γ はクラスターに依存しないものとする. 10.2節の2元配置分散分析モデル (10.3) では, 部分集団の違いを異なる切片を導入して調整しているが, この層別 Cox 比例ハザードモデルでは, ベースラインハザードを部分集団に依存するようにすることで, 調整していることにな

る.この解析を行うためのRコードをRコード10.3に示す.

　　　　Rコード10.3:クラスター分析に基づく共変量調整のRコード

```
[P16] prb<-data[c("p_tx","p_m","p_int")]
[P17] rownames(prb)<-data$id
[P18] prb.d<-dist(prb)**2
#----ward
[P19] hc_prb_ward<-hclust(prb.d,method="ward")
[P20] plot(hc_prb_ward)
#----k=3
[P21] data$cls_prb_ward_3<-cutree(hc_prb_ward,k=3)
[P22] table(data$cls_prb_ward_3)
#-----------stratified cox reg---------------
[P23] coxph(Surv(x_os,d_os)~group+tubulin+int+
      strata(cls_prb_ward_3),data=data,method="breslow")
```

[P16]–[P22]が3つの傾向スコアをクラスタリングしている部分で,[P23]が層別Cox回帰モデル(10.17)を当てはめている部分である.[P18]はクラスター分析に用いる距離関数を定義する部分であり,このではWard法を用いることから,上記のように指定している(新納[6]参照).[P19]で階層的クラスタリングを行うR関数hclustを適用している.[P20]が図10.3に示したデンドログラムを出力している部分である.[P21]はデンドログラムから,各症例をクラスターに分類する部分である.$k=3$の指定は,3つのクラスターに分類することを指定している.

このモデルによる解析結果を表10.6に示した.主要な関心である帰無仮説 $H_0:\gamma=0$ に対する検定はこの解析でも有意であった.回帰係数の推定もほぼ同じであり,表10.2の結果の妥当性を補強していると考えられる.[図10.3][図10.4]

10.3 統計解析の結果

表 10.6 傾向スコアのクラスタリングに基づく層別 Cox 回帰による交互作用解析の結果

	beta	se(beta)	z	p	HR	95%CI
group (1=Taxane-based/ 0=Taxane-free)	1.00	0.55	1.83	0.068	2.72	0.93-7.94
tubulin (1=Potivie/ 0=negative)	1.16	0.49	2.38	0.017	3.21	1.23-8.67
group*tubulin	−1.73	0.75	−2.31	0.021	0.18	0.04-0.77

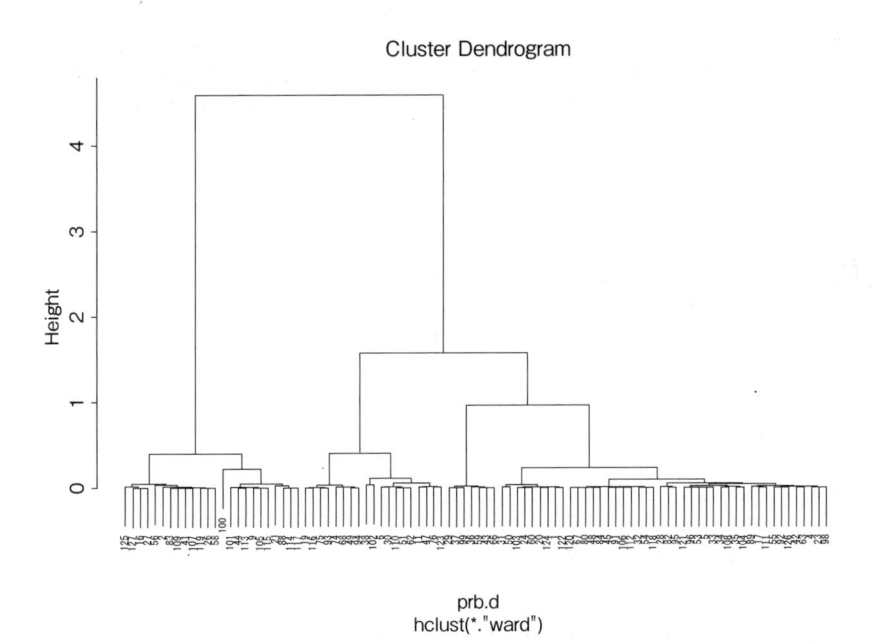

図 10.3 3つの傾向スコアによる階層的クラスタリング結果のデンドログラムによる表示

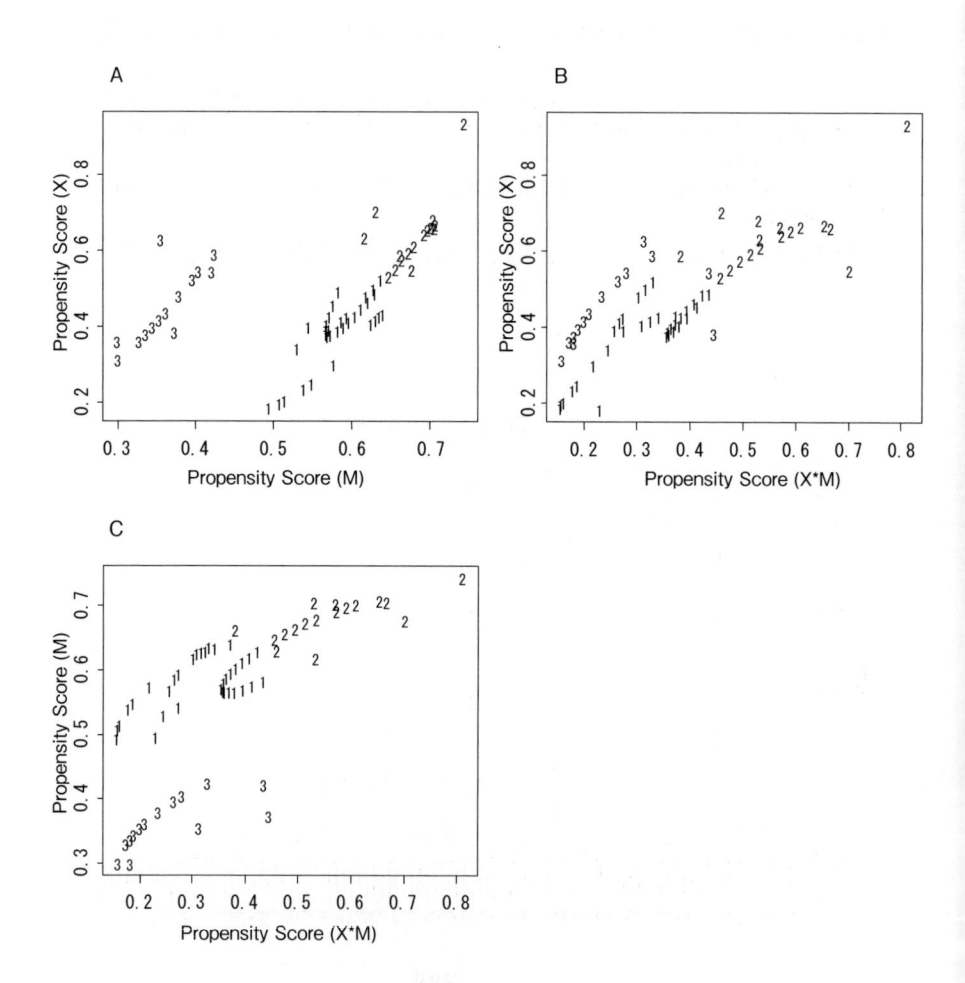

図 10.4 3つのクラスターにおける傾向スコアの分布:A は $e_i^X(Z_i) \times e_i^M(Z_i)$, B は $e_i^X(Z_i) \times e_i^{XM}(Z_i)$, C は $e_i^M(Z_i) \times e_i^{XM}(Z_i)$ をプロットした. プロットした点 1,2,3 は各症例が分類されたクラスターを示す.

10.4 まとめと問題点

　より効果を発揮する治療を選択するためにバイオマーカーの情報が有効に活用されることが望まれるが，その評価には本章で示したような薬剤との交互作用解析が重要となる．観察データからその評価を行う場合には，何らかの方法で交絡要因を調整した上で評価することが不可欠である．本章では，主に観察研究での2群比較に用いられる傾向スコアの方法を交互作用解析に拡張した方法による検討結果を解説した．また，クラスター分析による方法も併せて解説した．この方法は，傾向スコアが持つバランシングスコアとしての性質 (10.13) を保持しており，適切な方法であるといえる．2群比較の場合に，Rosenbaun and Rubin [2] では，治療群の割付に強い意味での無視可能性 (Strong ignorability) と呼ばれる仮定を付与した場合に，傾向スコアによる方法が適切に因果的効果を推定することができることなど，より広い議論を行っている．2群比較の場合，傾向スコアにより，多次元の共変量を1次元に縮約して簡明な共変量調整が可能となっているが，ここで示した方法では，傾向スコアが3つ必要になり，傾向スコアが有していたメリットが損なわれている．しかしながら，特に10以上などの多くの共変量があるような場合には，次元縮小の方法としての意義は依然としてあるし，本章で示したクラスター分析を用いて要約することで，簡明な共変量の調整が可能となっていると考えられる．一方で，この方法の統計学的な性質は未解明であり，今後の研究が必要である．

参考文献

[1] Aoki, D., Oda, Y., Hattori, S., Taguchi, K., Ohnishi, Y., Basaki, Y., Oie, S., Suzuki, N., Kono, S., Tsuneyoshi, M., Ono, M., Yanagawa, T. and Kuwano, M.: Overexpression of Class III β-Tubulin Predicts Good Response to Taxane-Baxed Chemotherapy in Ovarian Clear Cell Adenocarcinoma. *Clinical Cancer Research*, 15, 1473-1480, 2009.

[2] Rosenbaum, P. R., and Rubin, D.: The Central Role of the Propensity Score in Observational Studies for Causal Effects. *Biometrika*, 70, 41-55, 1983.

[3] 星野崇宏 著:『調査観察データの統計科学』岩波書店, 2009 年 7 月.

[4] Dobson, A. J. 著, 田中豊 他 翻訳:『一般化線形モデル入門』(原著第 2 版), 共立出版, 2008 年 9 月.

[5] 服部 聡:生存時間解析におけるセミパラメトリック推測とその周辺, 統計数理, 57, 119-138, 2009.

[6] 新納浩幸 著:『R で学ぶクラスタ解析』オーム社, 2007 年 11 月.

索　引

記号・数字

1塩基多型（single nucleotide polymorphism, 略してSNP）　48
2倍体（diploid）　27
2倍体生物（diploid）　2
4倍体（tetraploid）　2

アルファベット

coalescence　94
Hardy-Weinbergの比（Hardy-Weinberg ratio）　54
mRNA（メッセンジャーRNA）　21
OTU（operational taxonomic unit）　128
QTL（quantitative trait locus）　114
tRNA（転移RNA, transfer RNA）　24
X染色体不活性化（X chromosome inactivation）　40

あ行

アンチコドン（anticodon）　24
移住（migration）　78
移住率（migration rate）　78
遺伝子型（genotype）　2
遺伝子型頻度（genotype frequency）　49
遺伝子－環境相互作用（genotype-environment interaction）　116
遺伝子系図学（gene genealogy theory）　93
遺伝子座（locus）　2
遺伝子重複（gene duplication）　43
遺伝子変換（gene conversion）　36
遺伝的距離（map distance）　33
遺伝的浮動（genetic drift）　82
インターバルマッピング（interval mapping）　123
エピジェネティック（epigenetic）　40
エピスタシス（epistasis）　118
オッズ比（odds ratio）　163

か行

逆位（inversion）　47
逆転写（reverse transcription）　21
協調進化（concerted evolution）　46
共分散分析（analysis of covariance, ANCOVA）　180
寄与率（contribuution rate）　158
近交系数（coefficient of inbreeding）　60
近交弱勢（inbreeding depression）　64
近親交配（inbreeding）　58
組換え型（recombinant type）　30
傾向スコア（propensity score）　178
系統樹（phylogenetic tree）　42
減数分裂（meiosis）　4
検定交配（test cross）　2
固定化指数（fixation index）　79
コドン（codon）　22

さ行

姉妹染色分体（sister choromatid）　30

主成分 Cox 回帰 (principal component Cox regression) 167
条件付きオッズ比 (conditional odds ratio) 164
常染色体 (autosome) 4
浸透率 (ペネトランス, penetrance) 9
スプライシング (splicing) 25
性染色体 (sex chromosome) 4
接合体 (zygote) 27
染色体 (chromosome) 3
染色体の変化 (chromosomal alteration) 43
染色体倍化 (polyploidization) 47
セントラルドグマ (central dogma) 21
相加遺伝分散 (additive genetic variance) 120
相同染色体 (homologous chromosome) 3

た行

第 1 主成分 (the first principal component) 155
第 2 主成分 (the second principal component) 155
対立遺伝子 (allele) 2
多重遺伝子族 (multigene family) 45
多重共線性 (multi-colinearity) 190
体細胞分裂 (有糸分裂, mitosis) 4
転座 (translocation) 47
転写 (transcription) 21
点突然変異 (point mutation) 42
同義突然変異 (synonymous または silent mutation) 43
淘汰に対する中立性 (selective neutrality) 83
同類交配 (assortative mating) 58
突然変異 (mutation) 42
トランスポゾン (transposon) 39

な行

二重交叉 (double corssingover) 33
根 (root) 128

は行

半数体 (haploid) 27
半数体生物 (haploid) 2
伴性 (X-linked) 遺伝子 5
非同義突然変異 (nonsynonymous または replacement mutation) 43
表現型 (phenotype) 2
不等交叉 (unequal crossingover) 46
プライマー (primer) 14
平衡点 (equilibrium point) 71
平衡淘汰 (balancing selection) 71
ヘテロ接合体 (heterozygote) 2
ヘテロデュープレックス (heteroduplex) 36
ホモ接合体 (homozygote) 2
翻訳 (translation) 21

ま行

無限対立遺伝子モデル (the infinite allele model) 91
無根系統樹 (unrooted tree) 129

や行

有根系統樹 (rooted tree) 129
優性 (dominant) 遺伝子 2
優性効果 (dominance effect) 119
優性分散 (dominance variance) 120

ら行

リボソーム (ribosome) 21
量的形質 (Quantitative Trait) 114
劣性 (recessive) 遺伝子 2

レトロエレメント（retroelement） 39
レトロポゾン（retroposon） 39
連鎖（linkage） 30
連鎖不平衡係数（coefficient of linkage
　disequilibrium） 102
連鎖平衡（linkage equilibrium） 102

著者略歴

舘田　英典（たちだ　ひでのり）
1981 年　九州大学大学院理学研究科生物学専攻博士課程修了
1981 年　日本学術振興会奨励研究員（九州大学理学部）
1982 年　同校 理学博士
1982 年　米国ノースカロライナ州立大学統計学科博士研究員
1986 年　同校 客員助教授
1988 年　国立遺伝学研究所集団遺伝研究系助手
1992 年　九州大学理学部生物学科助教授
1999 年　九州大学理学部生物学科教授
2000 年　九州大学大学院理学研究院教授（生物科学部門）
　　　　 現在に至る

服部　聡（はっとり　さとし）
1994 年　東京工業大学理工学研究科情報科学専攻博士前期課程修了
1994 年　日本ロシュ株式会社臨床開発本部統計解析室
2001 年　北里大学薬学研究科臨床統計学専攻博士後期課程修了
2002 年　同校 臨床統計学博士
2002 年　中外製薬株式会社臨床開発本部臨床統計部
2005 年　久留米大学バイオ統計センター博士研究員
2008 年　久留米大学バイオ統計センター准教授
　　　　 現在に至る

バイオ統計シリーズ 6
ゲノム創薬のためのバイオ統計
―― 遺伝子情報解析の基礎と臨床応用 ――
ⓒ 2010 Hidenori Tachida & Satoshi Hattori
Printed in Japan

2010 年 6 月 30 日　初版第 1 刷発行

著　者　　舘　田　英　典
　　　　　服　部　　　聡

発行者　　千　葉　秀　一

発行所　　株式会社 近代科学社

〒 162-0843　東京都新宿区市谷田町 2-7-15
電　話　03(3260)6161　振　替　00160-5-7625
http://www.kindaikagaku.co.jp

藤原印刷　　　　　　ISBN978-4-7649-0391-3
　　　　　定価はカバーに表示してあります．